KYOTO
UNIVERSITY
PRESS

小山勝二
舞原俊憲
中村卓史
柴田一成
編著

見えないもので宇宙を観る

宇宙と物質の神秘に迫る ❶

学術選書 007

京都大学
学術出版会

口絵2●銀河系中心部のＸ線写真
（京大宇宙線研究室のホームページから）

口絵3●可視光（左）と赤外線（右）の透過率の比較（NOAO Symposium 1987）Science 1988（Vol. 242）

れないというブラックホール、銀河の中心から噴出する謎のジェット、毎秒何十回転の猛スピードで回転するパルサー、宇宙の質量の大半を占めるといわれるダークマター、近年発見された宇宙膨脹の加速の黒幕であるダークエネルギー、そしてそもそも我々の宇宙そのものが爆発で始まったというビッグバン…。宇宙の正体は、かの天才アインシュタインでさえも想像できないほど、常識を超えた世界だったのである。本書は、このような「目で見えない宇宙」の探求の最前線、とりわけ、X線天文学、赤外線天文学、重力波天文学のフロンティアを分かりやすく解説したものである。

本書は、二〇〇三年一二月六日(土)に行なわれた京大二一世紀COE「物理学の多様性と普遍性の探求拠点」主催の第一回市民講座「宇宙の神秘に迫る——宇宙科学最前線——」における講演記録に基づいたものである(注：二〇〇四年の第二回市民講座からは、「宇宙と物質の神秘に迫る——物理科学最前線——」というタイトルに変更された)。二一世紀COE(英語で center of excellence, 略してCOE＝研究拠点)とは平成一四年度より始まった文部科学省科学研究費の一種目であり、「第三者評価に基づく競争原理により、世界的な研究教育拠点の形成を重点的に支援し、国際競争力のある世界最高水準の大学づくりを推進するために実施する」(http://www.mext.go.jp/a_menu/koutou/coe/020801.htm)というプログラムである。大学単位で申請を出して審査されるプログラムであり、その採否が大学の評価につながるとして、マスコミでも大きく取り上げられた。京都大学の物理学・宇宙物理学のグループは、「物理学の多様性と普遍性の探求拠点」(拠点リーダー：小山勝二教授、事業推進担当者一八名)という課題で申請し、二〇〇三（平成一五年）年より五年計画で認められた。（本ＣＯＥについては、http://physics.coe21.kyoto-u.ac.jp/を参照のこと。）上記市民講座は、その京大二一世紀ＣＯＥ「物理学の多様性と普遍性の探求拠点」主催の第一回講演会であった。講演会は、京都市教育委員会と京都新聞社の後援を得て、京都市青少年科学センター（京都市伏見区）で行なわれた。また、世話人として、以下の方々に、ご協力いただいた：柴田一成（京大理附属花山天文台教授）、太田耕司（京大理宇宙物理学教室助教授）、小山勝二（京大理物理学第二教室教授）、犬塚修一郎（京大理物理学第二教室助教授）、嶺重　慎（京大基礎物理学研究所教授）。会場になった京都市青少年科学センターの方々、および、世話人の方々に、ここであらためて御礼申し上げたい。講演会は中学生から高齢者まで約一五〇人が参加し、各講演のあとの質疑応答の時間には実に多くの質問が寄せられた。本書はそのような活発な質疑応答の一部も採録している。読者の理解の助けになれば幸いである。

編著者　小山勝二、舞原俊憲、中村卓史、柴田一成

見えないもので宇宙を観る◉目次

見えないもので宇宙を観る

第1章　X線で観た宇宙

小山勝二

1　X線と可視光で観た宇宙の違い

「X線」とは何でしょうか。

ドイツの観光地ロマンティック街道の始点、ビュルツブルグという美しい町をご存知でしょうか。その町の大学にX線を発見したレントゲンという科学者がいました。X線は彼が百十数年前に発見した不思議な光線です。ちなみに彼はこの業績で第一回ノーベル物理学賞に輝いています。

図1は彼が撮った左手のX線写真です。

X線は非常に透過力が強いため、人体までも通して骨だけが残って見えます。くすり指のところの

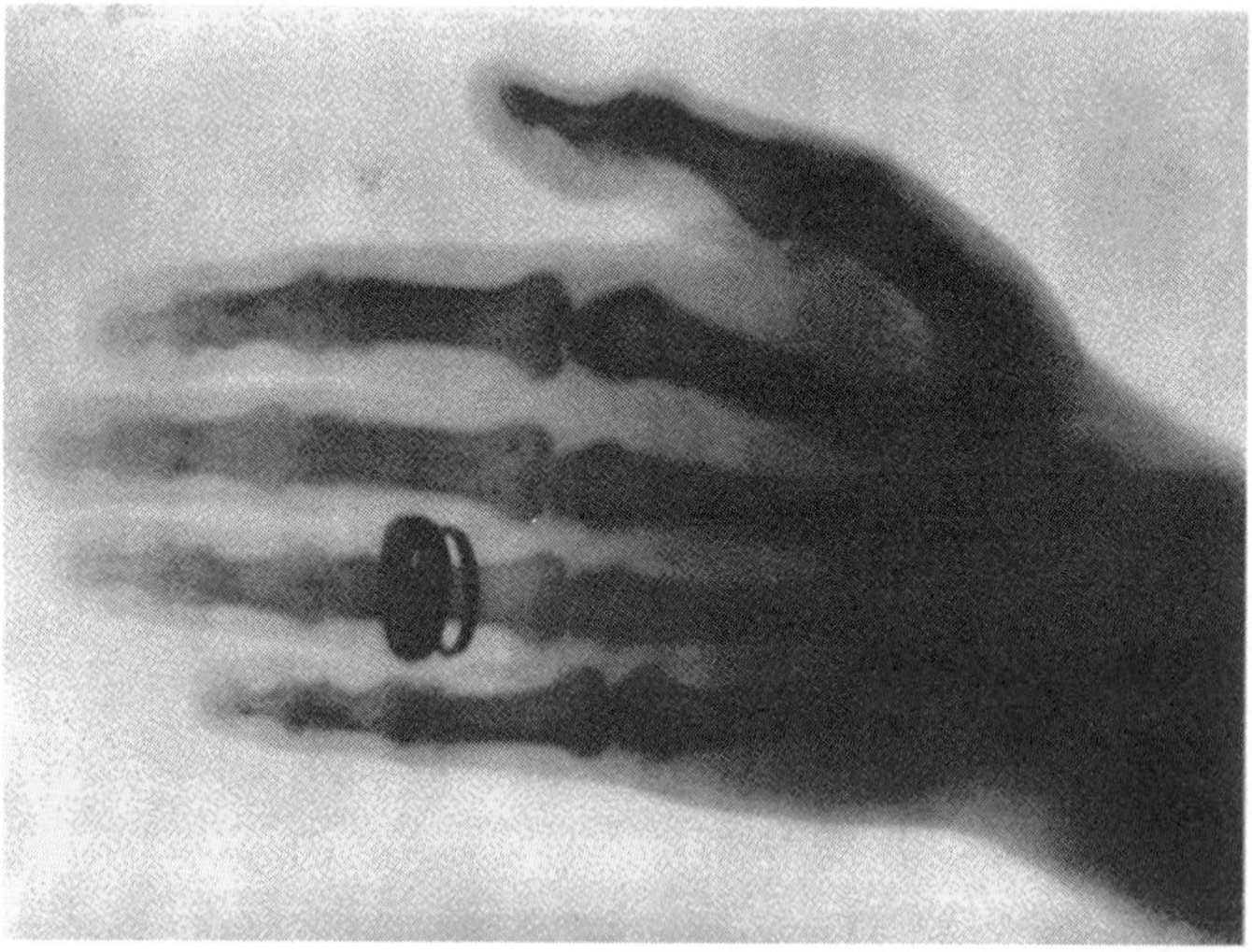

図1 ● 1895 年にレントゲンが発見した X 線で撮った左手の写真
（ドイツ，ビュルツブルク博物館のパンフレットから）

丸いものは結婚指輪でしょう。

ふつうの可視光では暗黒星雲としてしか見えないような、ガスがまわりを囲んでいる天体がこの宇宙にはたくさんあります。わたしはこのようなガス中の天体も、X線でなら観ることができるかもしれないと考えました。また遠い宇宙の果てまでにはいろいろな物質があります。それもX線なら突き抜けて見えるかもしれない、そのような期待もありました。

2 色を見れば温度がわかる

X線も光も電波もみな同じ仲間、電磁波といいます。違うのは波長です。X線は波長が光に比べて極端に短いのです。光でも赤い光と青い光を比べると、青い光のほうが波長は短いですね。

物質を高い温度に温めていくと、最初は赤く輝き次にだんだん青くなります。たとえば、ろうそくの炎は赤っぽく、温度が低いことは経験的におわかりでしょう。しかし、台所のガスコンロの炎は火力を上げれば青白い炎をだしますね。また、真っ黒な炭も熱していけば赤くなり、もっと高温になると青白い光を放ちます。

つまり、物質の温度を上げていけばいくほど、発生する光の波長はどんどん短くなっていくのです。

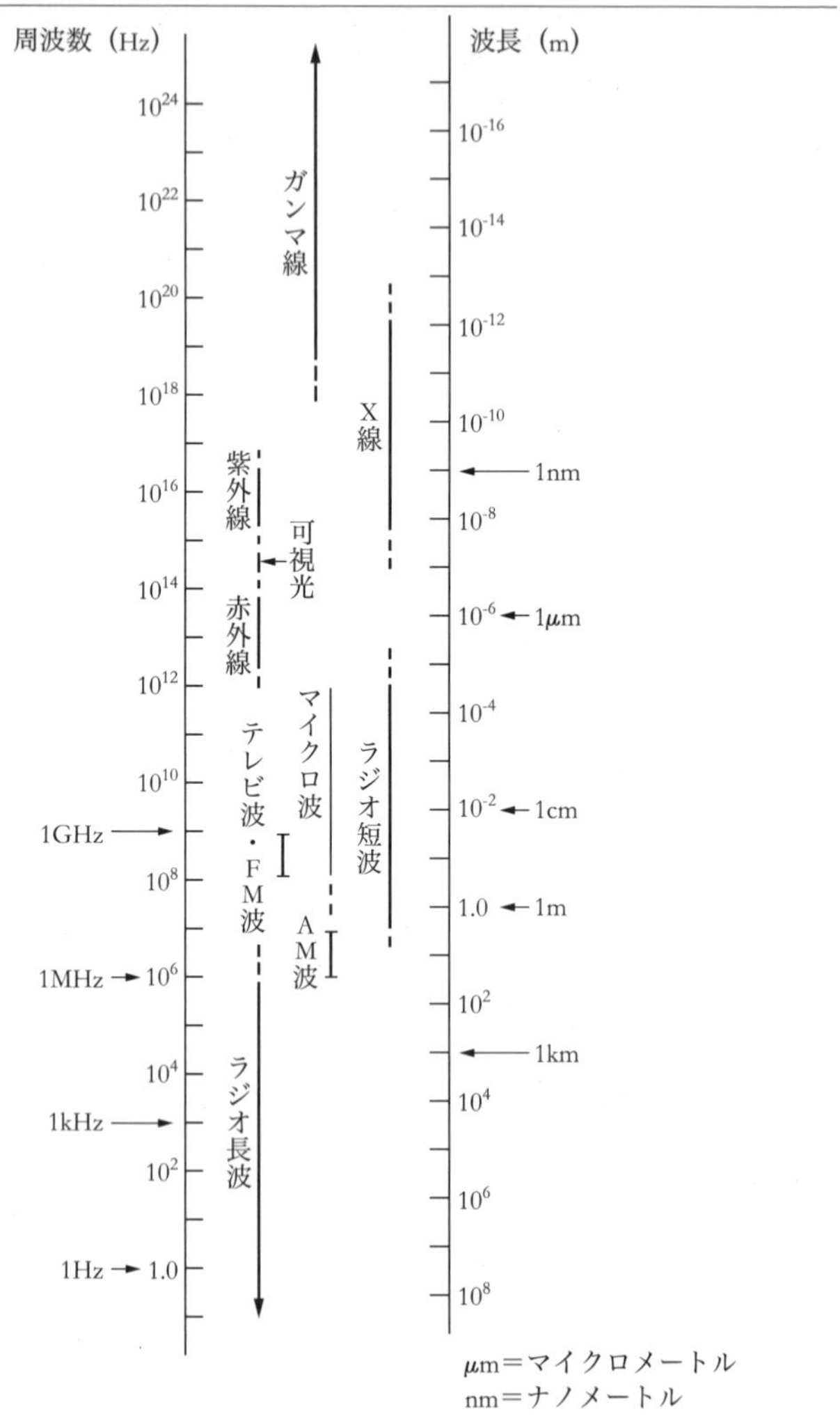

図2●電磁波の波長区分

X線は，0.1から100オングストローム（1オングストロームは1マイクロメートルの1万分の1）程度の波長をもつ，電磁波の一種です．

そして、わたしたちの目が感じることができない波長、可視光のだいたい一万分の一ぐらいまで波長を短くしますとX線になります。

逆にいうと、光がでるような物質の温度を一万倍ぐらいにするとX線がでるようになります。それは一千万〜一億度ぐらいの温度です。つまり、超高温の活発な宇宙を見たければ、X線で観測すればいいということになります。

3 X線を分析すれば元素がわかる

一九九八年七月に和歌山県で発生したヒ素カレー事件を覚えていらっしゃいますか。あの事件で使われたヒ素がどこのもので、どれくらいの量であったかというのは実はX線を使って調べられたのです(兵庫県相生市にあるSpring8という分析機器は、このときずいぶん有名になりました)。

X線のスペクトルというのを測定しますと、ヒ素に限らず、どのような元素がどのぐらいの割合で含まれているかということがわかります。元素の量は宇宙の構造や成り立ちを語るうえでもっとも重要な要素です。だからX線を使うと宇宙の核心に迫ることができると期待できます。

4 X線天文学は日本のお家芸

X線を使う天文学をX線天文学というのですが、大気はX線を通さないので、地上からはX線天体観測はできません。そこで人工衛星を使って大気圏外からX線を観測します。

X線天文学は日本のお家芸といわれてきましたように、今までに四機のX線天文用人工衛星「はくちょう」、「てんま」、「ぎんが」、「あすか」と、ほぼ四～六年に一回ぐらいの割合で打ち上げてきました。つまり、世界のX線天文学をリードしてきたのです。

宇宙のなかでも高温でかつ激しい活動領域からは、X線を中心に多量のエネルギーが放射されています。中性子星やブラックホールにきわめて近い領域、あるいは超新星残骸《ざんがい》、銀河や銀河団など、活発に活動している宇宙の本質を知るためにX線観測が欠かせません。

先ほど、「大気はX線を通さない」と申しました。それをもう少し別の角度から説明します。宇宙からやって来る電磁波の大半は、地球をとりまく大気のために吸収されたり散乱されたりするため、地上で観測することができません。大気は地球全体の大きさからすると、りんごの皮程度の厚みしかありませんが、生命に致命的な害を与える紫外線や宇宙線などから地球の生き物を守ってくれるバリアでもあります。オゾンホールの出現によって皮膚癌などのリスクが高まっているのはご承知のとおりです。

しかし、この優秀なバリアも天体観測をするにはやっかいな邪魔ものです。そのためにロケットや人工衛星を使って大気圏外で観測することが必要なのです。

5 X線で観る太陽系の天体

それでは可視光とX線で宇宙をみたとき、何がどのくらい違うか、例をあげてみてみましょう。いちいちことわりませんが、わたしが取り上げるX線天体写真のほとんどは日本の「あすか」と米国（NASA）の「チャンドラ（CHANDRA）」衛星で撮影したものです。

可視光でみた太陽系の天体はみなさんなじみが深いでしょうから、ここではそれらをX線でみたらどうみえるかを示します。図3（上）はX線でみた月です。月は太陽からのX線が反射されてみえています。ある意味では光と同じですね。

図3（左）は地球を北極上空からみた写真です。この白っぽい部分とドーナツ状の真ん中にあたるところはX線で光っています。オーロラです。大気圏外から地球をながめると、オーロラが起こるごとに、このようにX線で光る帯を見ることができます。

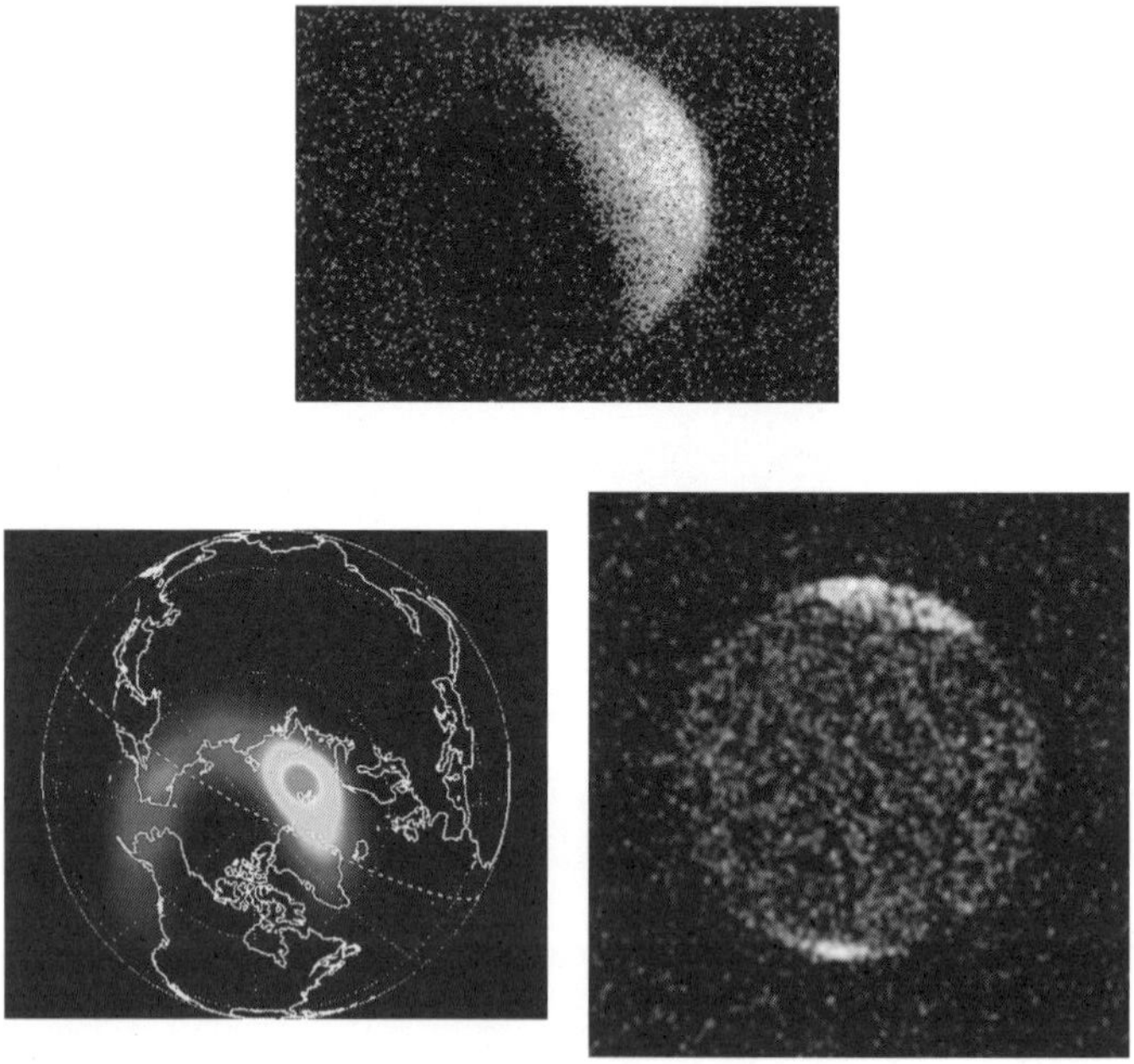

図3●X線で撮った太陽系内の天体
上は月，左下は地球，右下は木星（ローサットのカレンダー，およびNASAとチャンドラホームページ（http://chandra.harvard.edu/photo）から）

図3（右）は木星です。木星では地球よりもはるかに規模の大きいオーロラが観測できます。木星の北極と南極から強いX線がでているのがみえますね。地球上では出現しないような大規模なオーロラ現象が木星で起こっているのです。このようなものがX線で見られるわけです。

衛星「あすか」は、一九九三年二月二〇日に打ち上げられ、二〇〇一年三月二日に大気圏に再突入するまで、約八年（二九三三日）にわたってX線天体を詳しく観測して数々の最新の成果をあげてきました。

「あすか」はX線CCDカメラという特殊な検出器を搭載しています。ふつうの光と同様にX線にも波長の違い、つまり「色」があります。このX線CCDカメラは宇宙のどこからX線が放出されたか、どのようにX線強度が変動したか、そのX線のエネルギー（波長）はどれだけかという情報を高い精度で測定することができます。

つまり「あすか」衛星は、波長の長い「赤」から波長の短い「青い」X線までの色鮮やかなカラーの動画を撮ることができます。とくに世界ではじめて、宇宙の奥深くまでみることを可能にする「青い」X線（二〜一〇キロ電子ボルト）で宇宙X線源を撮像できる能力を実現しました。

6 X線観測によって「輝く星」

もう少し大きなスケールにいきましょう。ふつうの恒星と、白色矮星《わいせい》という星を、可視光とX線を並べて比べてみます。

図4（左）はおおいぬ座のシリウス（地球から約八・六光年）、全天で一番明るい恒星です。シリウスはA、Bという二つの星がペアを組んでいます。みなさんがふつうの光で見るシリウスはシリウスAのほうです。可視光で非常に明るいこのシリウスAのまわりを、シリウスBという非常に暗い天体が回っています。

可視光ではシリウスAが圧倒的に明るくて、シリウスBはあるかないかわからないようなものです。これをX線で観ますと立場がまったく逆転します。図4（右）はX線で観たシリウスの写真ですが、X線で明るい天体がシリウスBです。このとなりに申し訳程度に光っているのがシリウスAです。可視光では一番いばっている天体ですが、X線では急にこのように情けない姿になってしまいます。

われわれの太陽のように、みずからの核融合反応で輝く星を主系列星といいます。いわゆる「ふつう」の星です。シリウスAはそのようなふつうの星です。つまりふつうの星のX線は弱いのです。一方シリウスBは白色矮星です。これは地球ぐらいの非常に小さい星ですが、重さは太陽と匹敵します。

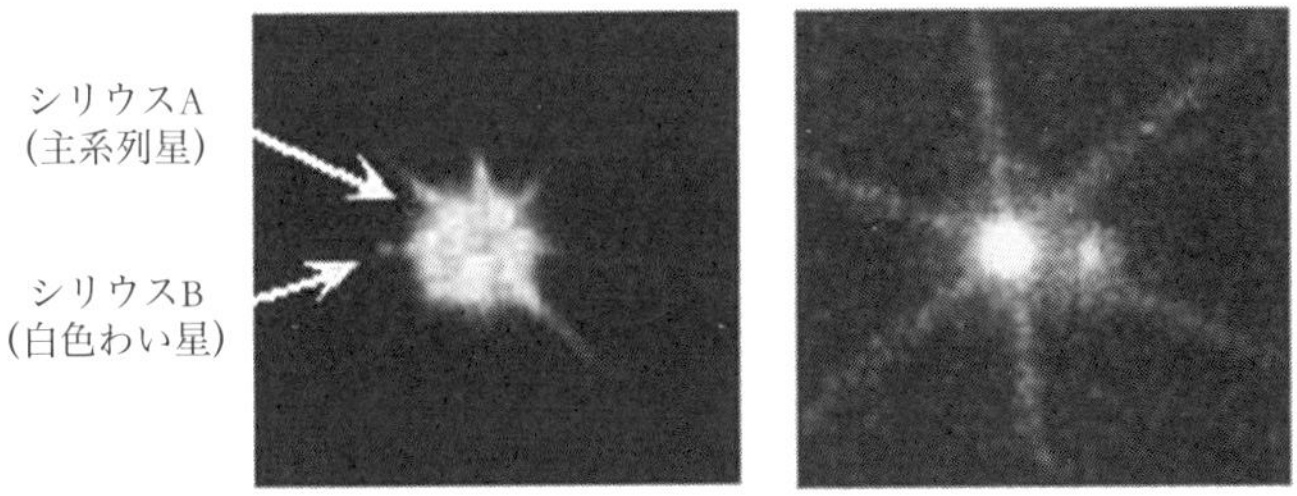

図4●可視光（左）とＸ線（右）で撮ったシリウスの写真
（NASA とチャンドラのホームページから）

この天体は、可視光は弱いけれどもX線はかなり強いのです。可視光では目立たない星も、X線で観測することで「輝き」を増すことがあるのです。

(1) 重量級の星をX線で観る

もっと重い星に話を移しましょう。これは天の川のなかで最重量級の星といわれるいエータ・カリーナ[1]です。重い星というのは非常に不安定なので頻繁にガスを噴き出し、小規模な爆発をくり返しています。

1 エータ・カリーナは地球から七五〇〇光年という遠くに位置するにもかかわらず、一八三五から一八五六年にかけてシリウスに匹敵するくらい明るくなったことが記録されています。そののち暗くなり、現在では肉眼でかろうじてみられる程度です。これまでの研究によると、エータ・カリーナはわたしたちの銀河系の中でもっとも重い星の一つであり、太陽の百倍程度の質量をもっています。超新星爆発へ至る直前の状態にある星として注目されています。

そして図5(上)のような面白い格好になったわけです。ここの真ん中に巨大な星があるはずなのですが、光ではよく見えません。それをX線で観ると図5(下)のようになります。真ん中で明るく見える天体、これがX線で観た天の川のなかでは一番重い星です。まわりはドーナツ状に光っています。エータ・カリーナから噴き出たガスが何千万度という超高温になって、X線で光って見えるわけです。

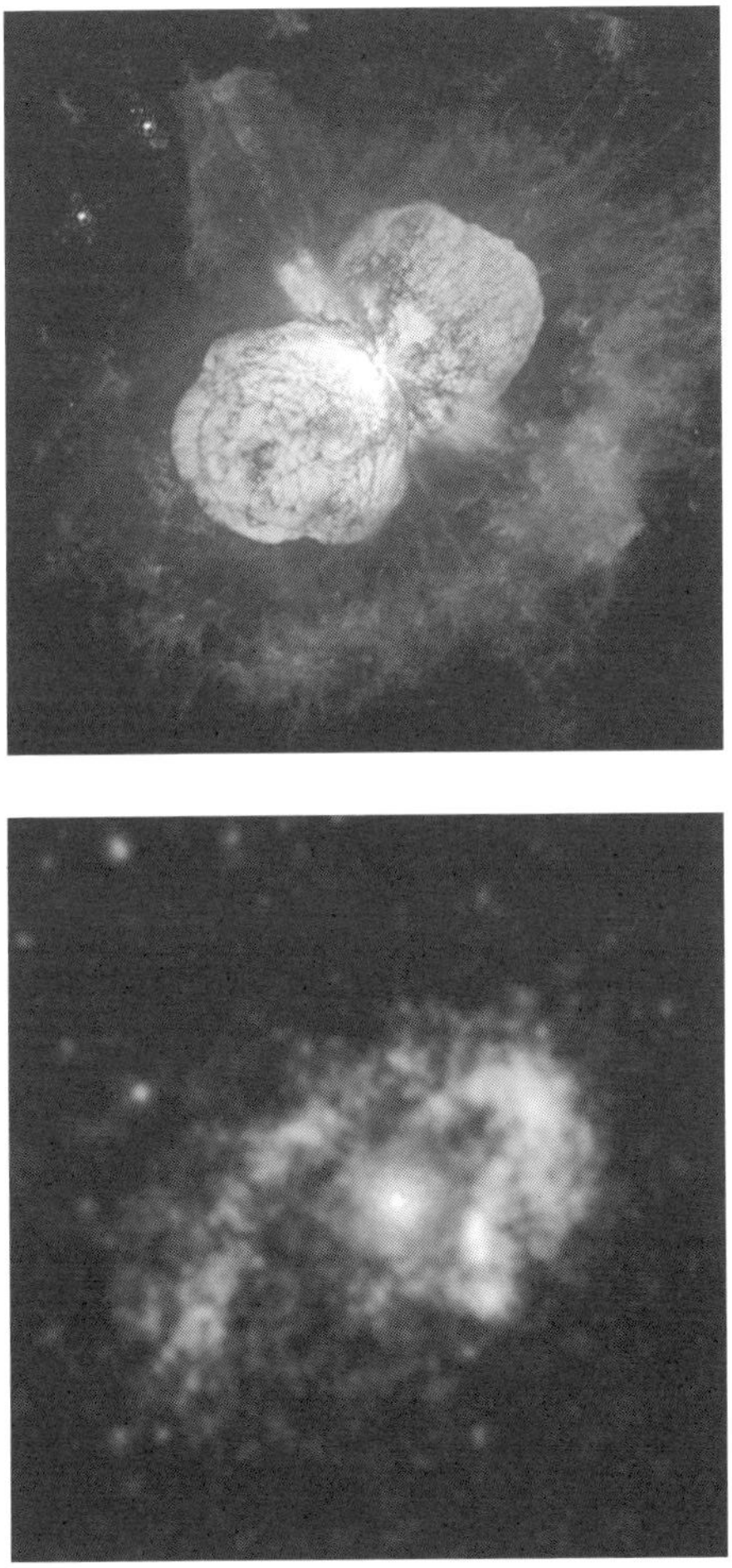

図5●エータ・カリーナ星の可視光（上）とX線（下）写真
（NASAとチャンドラのホームページから）

(2) 暗黒の空間をX線で観る

さらに宇宙の大きなスケールに移ってみましょう、天の川は一千億の太陽(恒星)からなる巨大な集団(銀河)ですが、宇宙にはそのような銀河がさらに何千と集まっているところがあります。このような大きな構造を銀河団といっています。

図6(左)の大小さまざまな「しみ」はほとんどが銀河です。このように銀河団は文字どおり光で観ると銀河の集団に見えます。そして銀河と銀河の間の空間は可視光でみると暗黒の世界です。しかし、これをX線でみると全然違った姿になります。図6(右)はおとめ座銀河団[2]で、ここからわかるように、個々の銀河ではなく全体がX線で光っているのです。可視光で観察すると銀河と銀河の間の空間は何もない暗黒の空間ですが、X線で観るとそうではないことがわかったのです。薄いけれども超高温のガスで満たされており、そこからのX線をわれわれは観ているわけです。薄いといっても、体積は非常に大きいですから、このガス全体の質量は一個一個の銀河をすべて集めた質量よりもはるかに重いという、驚くべきことがX線観測からわかったのです。

2 おとめ座の方向に地球から約五〇〇〇万光年離れた「おとめ座銀河団」は、数百個もの銀河が密集する、わたしたちからもっとも近い銀河団です。近距離にあるため明るい銀河が多く、一八世紀にまとめられたメシエカタログにもM49、M60、M104をはじめとして、一六個おさめられています。とくに注目を集めているのがM87で、一九九四年ハッブル望遠鏡は、この銀河の中心で超高速に回転するガスの円盤をとらえています。太陽の三〇億倍の質量をもつ巨大ブラックホールの存在も予言されています。

7 X線で観た星の誕生

図7（左）は可視光でみた冬の空オリオンの付近です。ふつうの写真とちょっと違うのは、明るさをコンピュータ処理し、明るい天体ほど大きな丸で表記してあります。真ん中にオリオンの三ツ星が明るく光っています。そのすぐ下の縦長の小さな「しみ」のようなもの（矢印の先）がオリオン大星雲です。左下の白く明るい星がシリウスAです。右上の一番大きな丸が月です。

これとまったく同じ天空をまったく同じ時期にX線で撮るとどうなるでしょう。図7（右）の写真がそれです。似ているようでもあり、似ていないようでもありますね。冬の夜空をあまり見たことのない人には、どちらがX線でどちらが可視光かわからないでしょう。つまりX線で観ても可視光で観ても見かけ上そんなに違わない天体がたくさんあるわけです。

図7にはシリウス、すばる、月、オリオンの三ツ星、リゲル、ベテルギウス、オリオン星雲、かに星雲など有名な天体がありますから、星図をかたわらにどれがどれか当ててみるのも面白いかと思いま

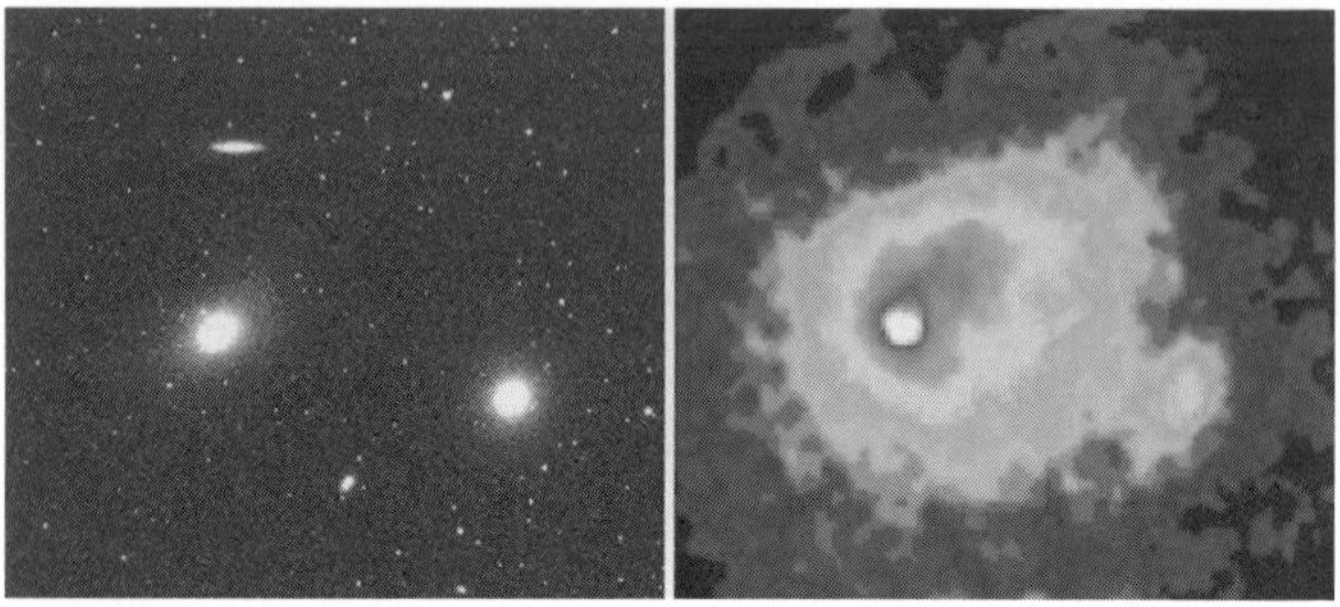

図6 ●おとめ座銀河団の可視光（左上）とＸ線（右上）写真
（京大宇宙線研究室のホームページ（http://www-cr.scphys.kyoto-u.ac.jp）から）
図7 ●オリオン座付近のＸ線（右下）と可視光（左下）の様子
（ローサットのカレンダーから）

す。

なかには光では暗くてわからないのにX線ではぴかぴかの天体もあります。かに星雲です。また「すばる」はX線でも可視光でもそこそこ明るく見えます。同様の天体がオリオン大星雲とその付近です。「すばる」や「オリオン」は若い星、生まれて間もない星の集団です。若い星はX線が明るいのです。

(1) 星の誕生をX線で観る

そこで、オリオン大星雲の話から始めたいと思います。オリオン大星雲は星が誕生している現場です。現在でも星が生まれつつある、そのような現場です。星は濃い分子雲中で、星間ガスがたくさん集まって生まれます。濃い分子雲は可視光を通しませんから、可視光では暗黒星雲として観測されます。もし先ほど類推したように若い星、あるいは生まれたての星からX線がでているのなら、X線は透過力が強いですから、暗黒星雲のど真ん中にある、生まれたての星も観測することができるのではないかと推定されます。

さて、わたしたちの観測を紹介します。図8(左)は可視光でみたオリオンの領域です。中央にある有名なオリオン大星雲(白く明るく広がった天体)の上にもう一つ星雲(白く小さく広がった天体)がありますが、その間の暗いところが暗黒星雲です。ここに濃いガスがあるために背景の星の光がみえな

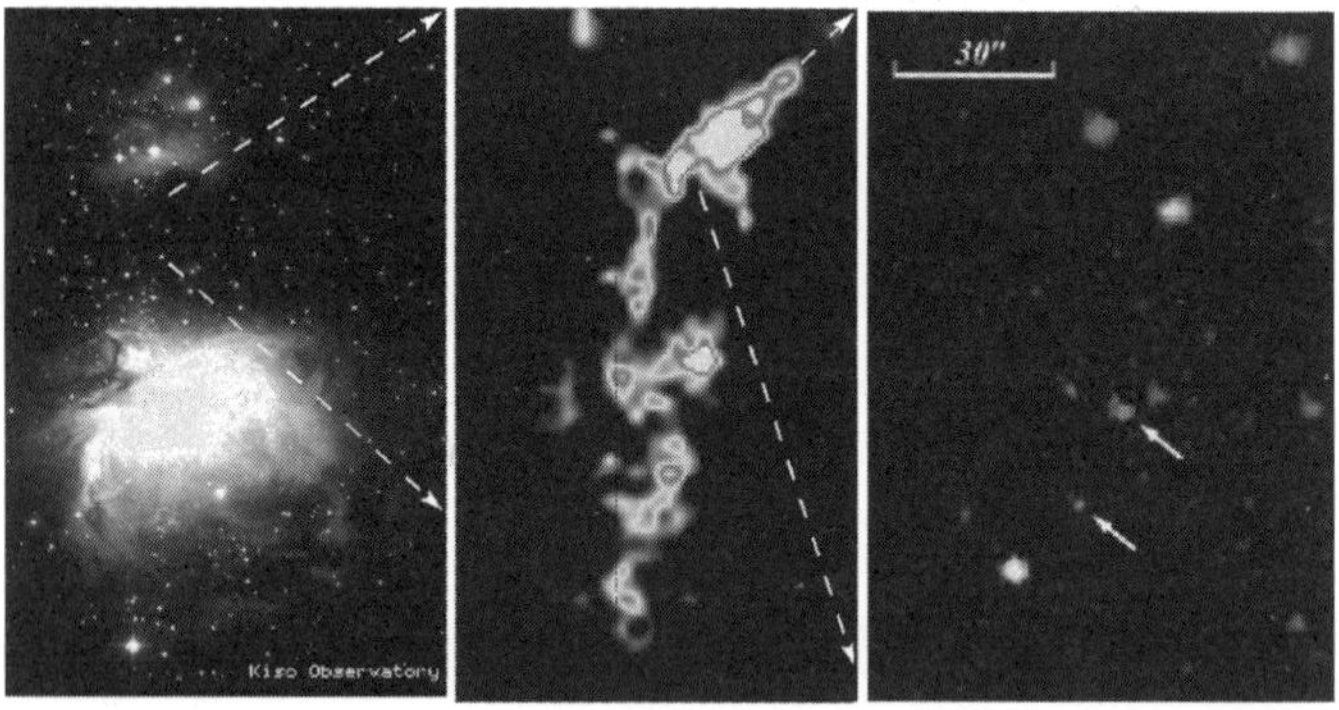

図8●オリオン大星雲付近の可視光（左），電波（中），X線（右）の写真（口絵1）
（京大宇宙線研究室のホームページから）

くなって暗いシルエットになっているのです。だから暗黒星雲は何もないところではなく分子雲があるようです。分子は電波をだします。

そこで暗黒星雲の領域を拡大して電波で観測してみましょう。図8（中）がそれです。列島状の細長い構造がみえます。電波で明るいところが分子の密度が濃いところです。その濃いところをもっと拡大してX線でみた写真が図8（右）です。非常に狭い分子雲の芯にあたる領域です。光では見えなかった天体がX線でぞくぞくと光っています。

とくに矢印でマークしている部分は、とくに透過力の強いX線を発しています。これこそがまさに生まれて間もない赤ちゃん星（原始星）です。赤ちゃんといっても、推定年齢は一〇万歳です。

「わたしはまだ二〇歳だから、一〇万歳だったらとんでもない年寄りだ」と思うかもしれません。でも太陽程度の重さの星の寿命は一〇〇億年です。その寿命と比べると、一〇万歳というのは、実はすごく若いのです。

人間にたとえると、生まれてから一時間もたっていないオギャーと生まれた瞬間だと思ってください。まだ、内部で核反応が起こっていないため低温で、可視光では観測できないような星でもすでに強いX線をだしているのですから驚くべき発見だったわけです。自然は往々にしてこのように驚くべき姿をみせてくれます。

では若い星はどのようにしてX線をだすのでしょうか。太陽から類推してみましょう。太陽フレアという現象があります。小規模な爆発なのですが、そのとき弱いながらもX線をだしています。太陽に比べると赤ちゃん星では比較にならないほどの大規模なフレアが起こっているのです。

(2) 星の産声をX線で観る

図9はへびつかい座暗黒星雲のX線写真です。実寸法は写真の一辺が〇・五光年くらいです。そのなかに数十個のX線源(赤ちゃん星)があるのがわかります。太陽と一番近い星までの距離はおおよそ四光年ですから、赤ちゃん星がいかに混みあっているか想像できるでしょう。このように星は集団で生まれて、やがてお互いに別れていきます。だからあと何十億年もたつと、これらの星はバラバラに離れて、太陽近傍のようになるわけです。

写真のまわりに示したグラフは、約一日の間のX線の強度変動を示したものです。どの星も激しく変動しているのがわかります。この狭い空間ですべての赤ちゃん星がお互いにオギャーオギャーと、産声の共演をしているのです。われわれの太陽も赤ちゃん星だったころ、夜空にはこんなにたくさんの仲間が近くにいて激しく変動していました。夜もおちおち眠れない、そんな世界だったはずです。

褐色矮星《わいせい》という星があります。太陽よりもはるかに軽い星で、自分の力では輝くことができない、いわば恒星になり損ねた星です。このような星でも、若いときはX線をだしていました。質量が軽すぎて、みずから輝く核融合エネルギーを生みだすことができなかった星ですが、その若き日の姿もX

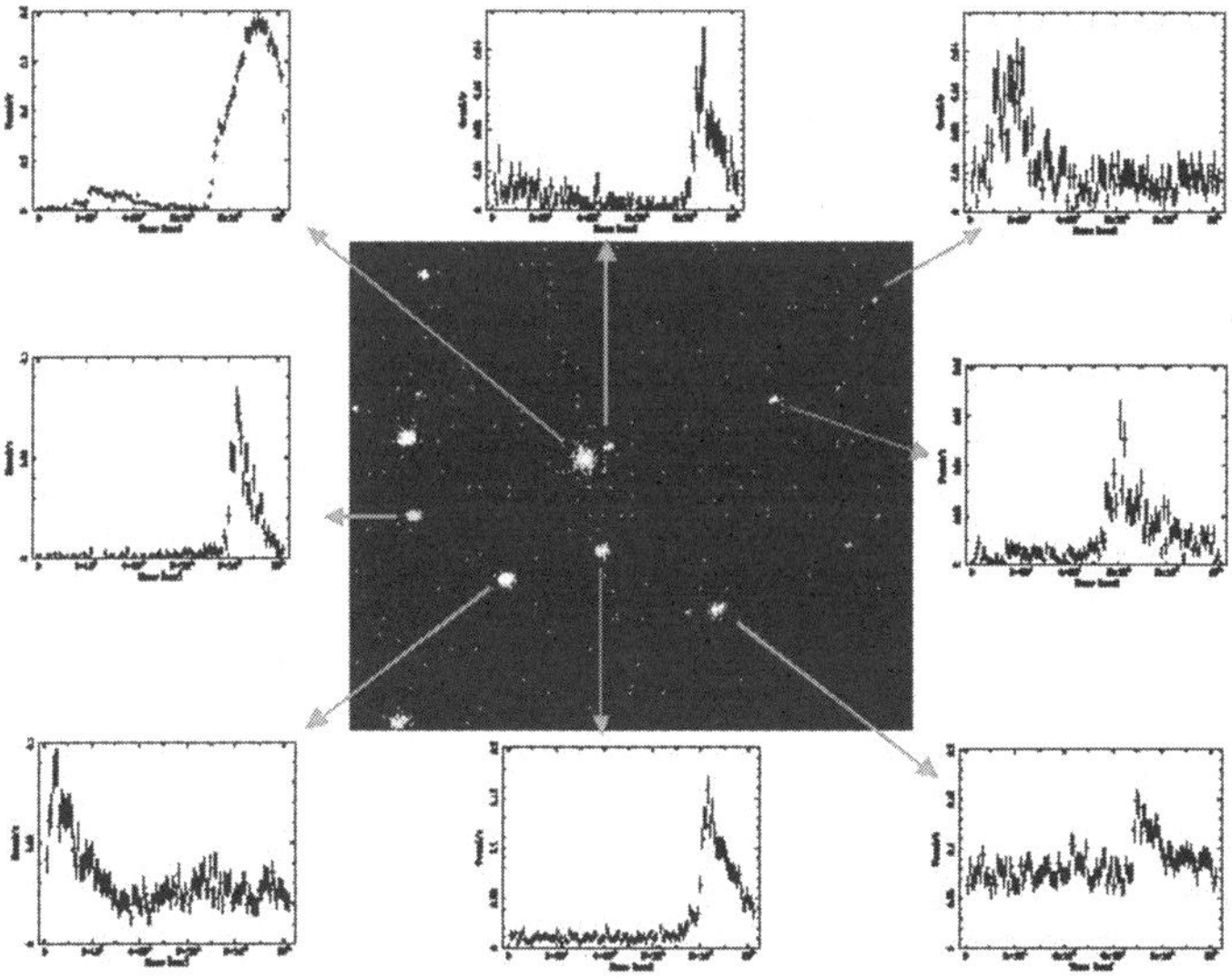

図9●へびつかい座暗黒星雲のＸ線写真
まわりのグラフはＸ線の約１日にわたるＸ線強度の時間変動を示しています.
(京大宇宙線研究室ホームページから)

線でなら観測可能なわけです。

ほとんどの星、つまり褐色矮星も、太陽のようなふつうの星も、エータ・カリーナのような非常に重い星も、生まれたときには強いX線を放射していることになります。すべて大規模なフレア爆発を起こしているのです。

星が大人（主系列星）になってくると、人間と同じで物わかりがよくなるのか、おとなしくなってきます。つまりX線も弱い時期になります。太陽がそうです。何十億年も静かで安定に光り続けるわけです。だからこそ生命が生まれ、進化することができたのです。もし太陽が生まれたての姿で頻繁に爆発を起こしていたら、生命は生まれないし、たとえ生まれたとしても永い時間をかけて人間まで進化するのは不可能です。

8 X線で観る星の最期

すべての星が聞きわけのいい大人のままで最期を迎えるわけではありません。星は、年をとると赤色巨星となり、また聞きわけが悪くなり不安定になります。人間も歳をとると赤ん坊にもどるといいますが、よく似ています。軽い星（われわれの太陽のような星）は最期に小さくて密度の高い「白色矮

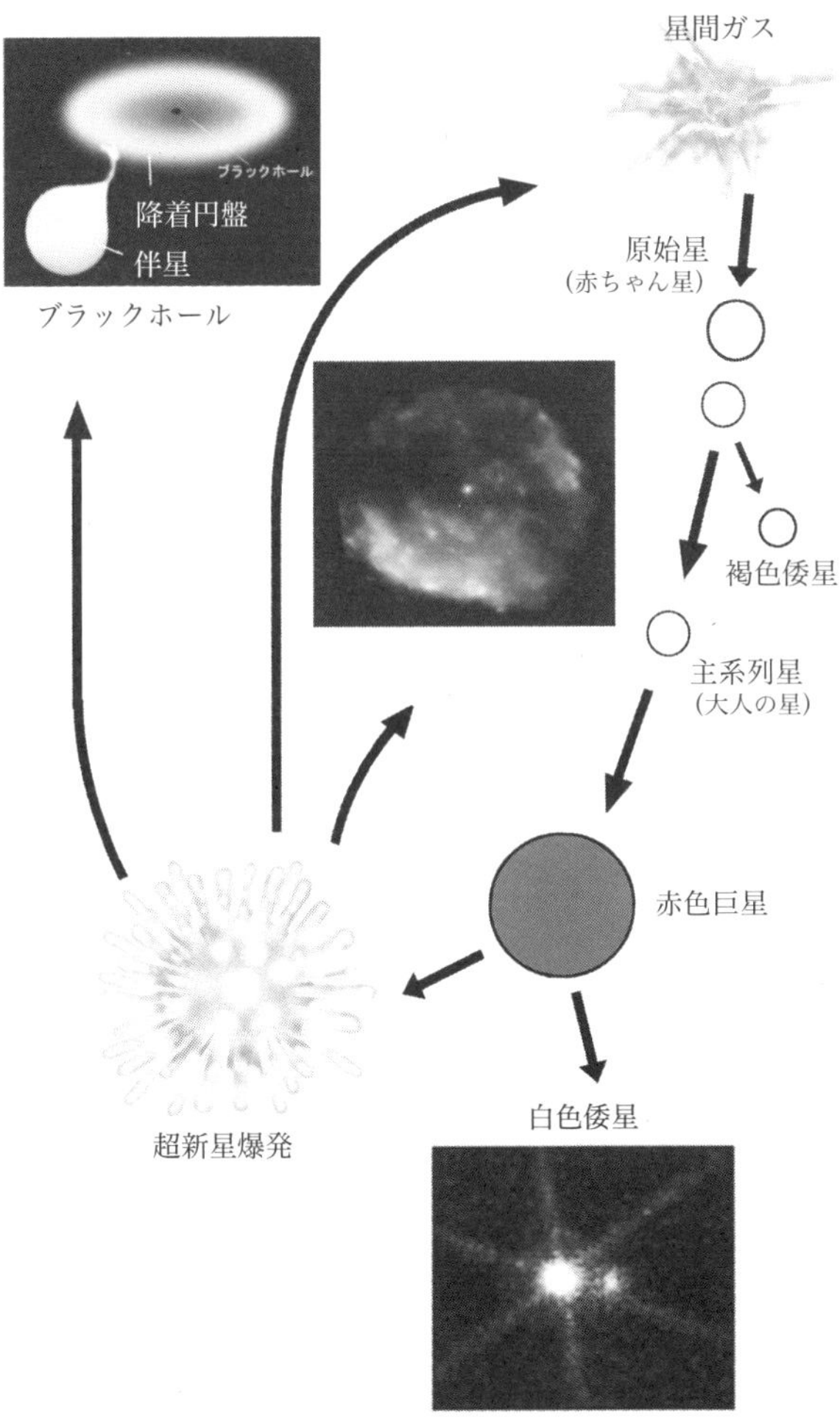
星間ガス
原始星
(赤ちゃん星)
褐色倭星
主系列星
(大人の星)
赤色巨星
白色倭星
超新星爆発
ブラックホール
降着円盤
伴星
ブラックホール

図10●星の一生

星」になり、静かに死んでいきますが、重い星では大爆発（超新星）を起こしてこっぱみじんになって、その一生を終えます。

その爆発のエネルギーは一〇の四四乗カロリー、一〇の後にゼロを四四個並べるというたいへんな数です。どんなに大きなエネルギーか見当つきますか。

たとえば世界中の人が現在使っているエネルギーとして使い続けても、あと一〇の二六乗年分は大丈夫という量です。一〇の二六乗年も見当もつきませんが、宇宙の年齢（約一四〇億年）よりもはるかに長いでしょう。宇宙の年齢まで使い続けても、まだまだあり余るエネルギーを超新星は放出します。だから一つの超新星爆発で、人類のエネルギー問題は一挙に解決となるはずです。

（1）超新星残骸をX線で観る

大量のエネルギーを放出する爆発は、爆発した瞬間に大量のガスを四方八方に飛び散らします。その膨張スピードは毎秒一万キロくらい、想像を絶するものです。このような高速のガスが星間ガスとよばれるガスに衝突すると、何千万～何億度のプラズマに変わります。これが強いX線をだします。

Q&A——1　超新星爆発と重い元素

Q　大きな星ほど寿命が短いといわれますね。何回も爆発をくり返すということもあり得るわけですね？

小山　あるでしょう。大きな星は寿命が短い。短いといっても一〇〇万年くらいはありますが。超新星爆発で飛び散ったガスが集まって新たに星が生まれて、それが重ければまたすぐに爆発します。それを何回も繰り返します。

Q　そして、爆発を繰り返すたびに重い元素ができているということですか？

小山　はい、だんだん増えていくわけですね。

Q　そうすると、われわれが知っている元素よりも重い元素ができている可能性もあるわけですね？

小山　できる元素がだんだん重くなるのではなくて、毎回同じように重い元素ができる。その量が増えるのです。

超新星爆発が起こってから三〇〇年後のものと思われる超高温プラズマが見つかっています。図11（左）はX線で撮った写真ですが、何千万度のプラズマの火の玉です。このX線の性質をくわしく調べるため、X線スペクトルを測定します。X線の波長と強度の分布をとったものですが、図11（右）のよ

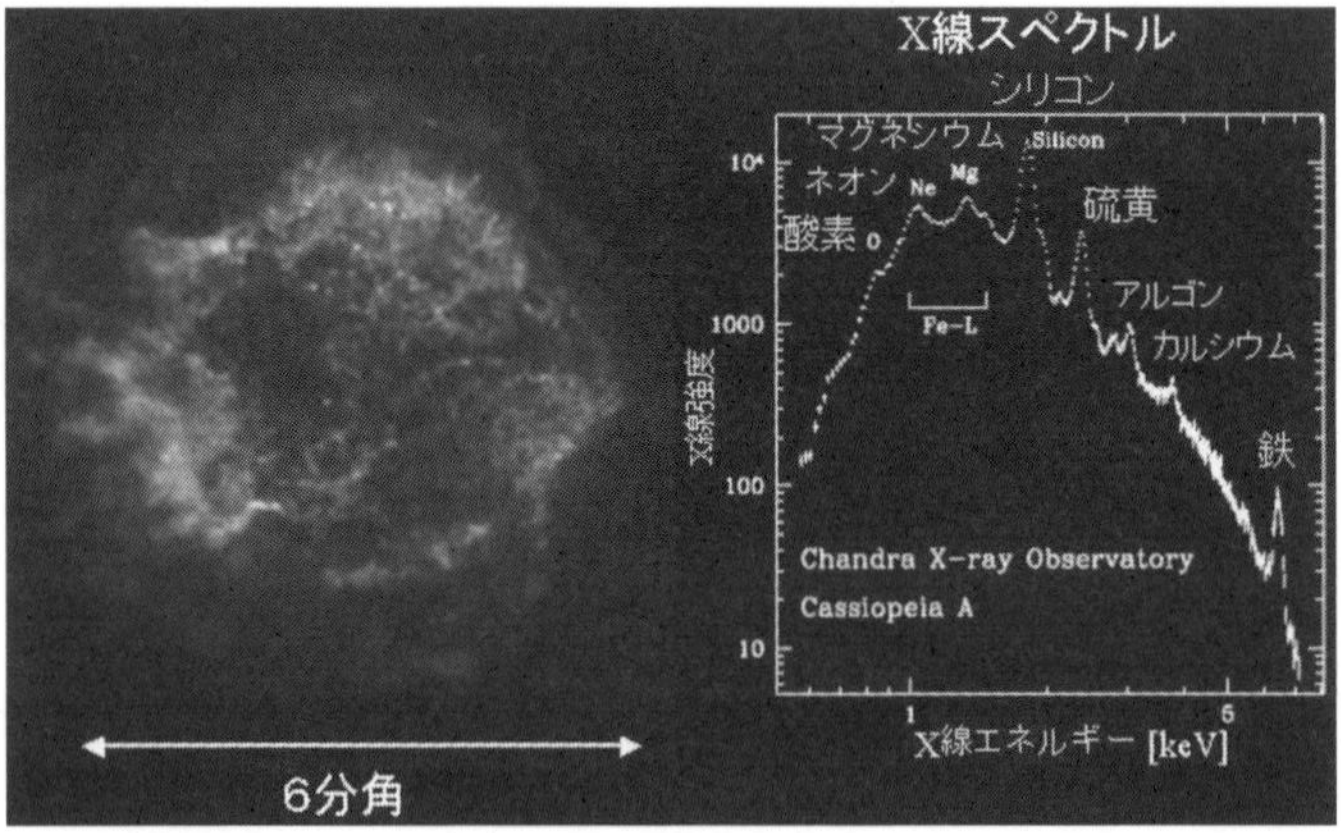

図11 ●超新星残骸，カシオペアＡのＸ線写真（左）とそのスペクトル（右）
（NASAとチャンドラのホームページから）

うに、ところどころにピーク（グラフの線が上にとびでている箇所）があります。ピークの位置が、酸素、ネオン、マグネシウム、シリコン、硫黄、アルゴン、カルシウム、鉄といった元素に対応します。またピークの高さがそれぞれの元素の量に対応します。つまりX線スペクトルをとると元素がどのくらい存在するかがわかります。

図11（右）のデータからわかることは、超新星爆発のあとから大量の重元素が見つかったということです。重元素とは、水素やヘリウムよりも重い元素で、酸素、マグネシウム、シリコン、硫黄、アルゴン、カルシウム、鉄などです。

星は輝いている間、核融合を行ないながらその内部ではどんどん重元素を合成しています。みなさんの体をつくる酸素や窒素、炭素も実は星の中で合成された元素です。

もとをただせば星のなかの元素を取り入れてみなさんは成り立っているわけです。でも合成された重元素は星の中にありますから、われわれのところに来るわけはありません。何が起こったのでしょう。それが超新星という大爆発です。この大爆発によって、星はバラバラになり、その中で合成された元素も宇宙空間にばらまかれます。そのばらまかれた元素が集まって太陽系をつくったのです。

その太陽系のごく一部で地球ができ、生命はその重元素を取り込んで生まれたということです。星の死というのは生命の源であるといっていいでしょう。超新星爆発で元素が拡散されて、その元素をもう一度集めて星ができ、生命体が生まれました。X線天文学がその証拠をつかんだのです。

(2) 宇宙線の発生源をX線で観る

超新星爆発というのは非常に面白い現象です。超高速つまり光の速度に近いスピードではしるような粒子、宇宙線をつくります。宇宙線は今もみなさんの体を通り抜けています。超新星でつくられて、はるばる宇宙空間から飛んできて、現在でも地球に日夜降り注いでいるのです。

平安時代、京都で藤原定家が「明月記」という日記を書きました。そのなかに一つの記事があります。現代風に直しますと、「西暦一〇〇六年におおかみ座で超新星爆発が起こった」とあります。「明月記」にはその他いくつかの超新星の記録が書かれていますがその一つです。

一〇〇六年の超新星は昼間でも見えたほど明るいものでしたが、その後だんだん暗くなり、今や可視光では見ることさえできません。ところが、ここでは大変なことが進行していたのです。

このおおかみ座のあたりをX線衛星「あすか」で観測したところ、図12のようなきれいな天体が見つかりました。この天体は半径何十光年という大きさの球殻ですが、ここで宇宙の最高エネルギー粒子、宇宙線をつくっていることが判明したのです。宇宙線がこの中の磁場中をくるくる回るとX線をだします。このX線を観測することによって、確かに超新星の残骸で宇宙線がつくられるということが最近わかり、大きな話題になっています。

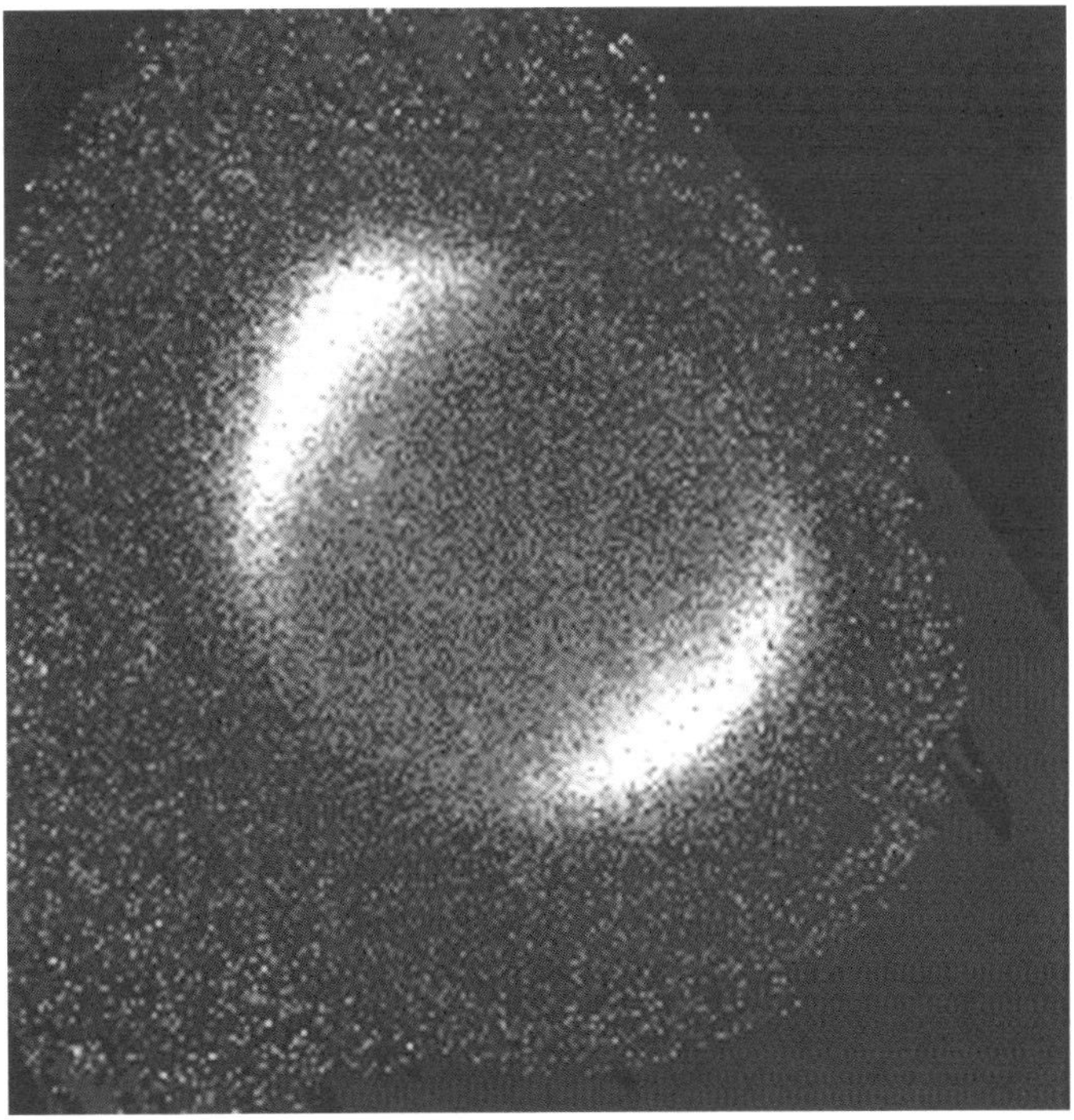

図12● 1006年に起こった超新星爆発の残骸のX線写真
（京大宇宙線研究室のホームページから）

9　X線で観るブラックホール

超新星爆発はまた、中性子星やブッラクホールもつくります。図13は超新星爆発が起こってから一〇〇〇年くらいたったあとのX線写真です。超高温プラズマがまわりを包んでいます。先ほど述べたように大量の重元素を含んでいます。さて真ん中に何か明るい天体が光っていますね。これが中性子星です。大きさは半径一〇キロメートルくらいしかないのに重さは太陽よりも重たいというとんでもない天体です。

Q&A——2　中性子星の重さと大きさ

Q　ブラックホールは中性子星に比べてどれくらい重いのでしょうか?

小山　中性子星は比重が一〇の一五乗です。つまり一立方センチメートル当たり一〇億トンです。ブラックホールはさらにそれよりも一けたぐらい重い。

柴田　大きさでいうとどれくらいでしょう?

小山　典型的な中性子星は半径が一〇キロメートルですね。これが三キロメートル以内になるとブ

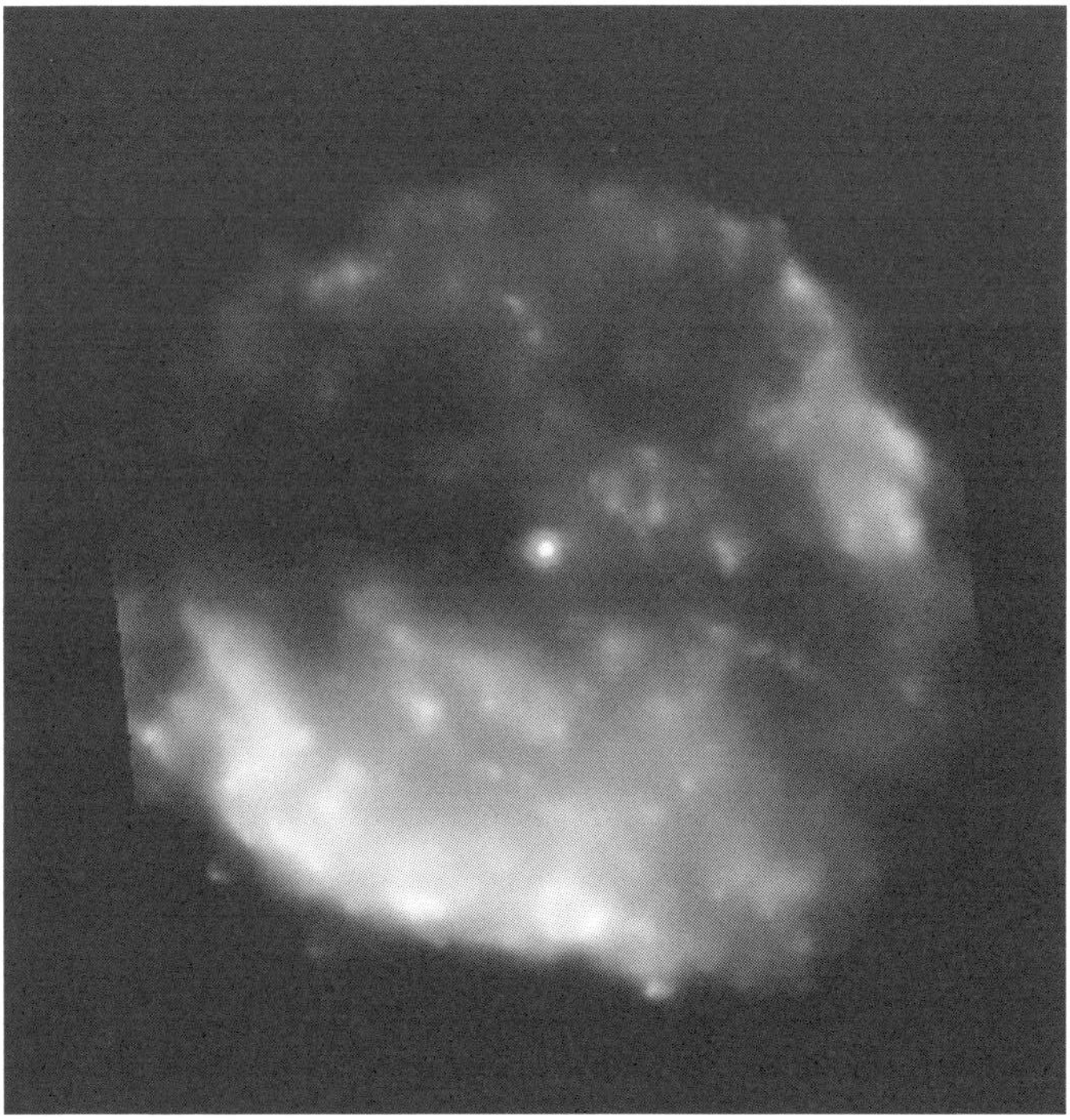

図13 ●中性子星を含む超新星残骸 RCW103 の X 線写真．中央の明るい星が中性子星
（NASA のホームページから）

ラックホールになります。

柴田　だから、ちょっと縮んだらもうブラックホール？

小山　もし中性子星がもうちょっと圧縮すればブラックホールです。その前にクォーク星になるという研究者もいますが。

(1) 見えないブラックホールの探し方

この中性子星から角砂糖一個分の大きさを取ってきてはかりの上に乗せると、一〇億トンという重さになります。もちろんその前に、はかりは壊れてしまいますが。中性子星の質量が三倍以上（角砂糖一個分の大きさが三〇億トン以上という重さ）になるとブラックホールになります。これはもっとたいへんな星です。何しろ光さえも引きもどされてしまうのですから。

そこで最後の話題、名前はみなさんよくご存じのブラックホールに移ります。ブラックホールは名前のとおり、ふつうの光でもX線でも引きもどしてしまいます。だから観測することは不可能のように思いますね。

けれどもブラックホールにガスが落ちると、そのガスはブラックホールのまわりで超高温プラズマになってX線を発生します。図14は想像図なのですが、二つの重たい星がペアで存在しています。星は単独で存在する場合もありますが、たいていの場合はお互いに相手をもつペアとして存在します

郵便はがき

料金受取人払

左京局
承認
1159

差出有効期限
平成19年
2月14日まで

606-8790

(受取人)

京都市左京区吉田河原町15-9　京大会館内

京都大学学術出版会
読者カード係 行

▶ご購入申込書

書　名	定　価	冊　数
		冊
		冊

1．下記書店での受け取りを希望する。

都道　　　市区　店
府県　　　町　　名

2．直接裏面住所へ届けて下さい。

お支払い方法：郵便振替／代引　　公費書類(　　)通　宛名：

送料　税込ご注文合計額3千円未満：200円／3千円以上6千円未満：300円／6千円以上1万円未満：400円／1万円以上：無料
代引の場合は金額にかかわらず一律210円

京都大学学術出版会

TEL 075-761-6182　学内内線2589 / FAX 075-761-6190または7193
URL http://www.kyoto-up.gr.jp/　E-MAIL sales@kyoto-up.gr.jp

お手数ですがお買い上げいただいた本のタイトルをお書き下さい。

(書 名)

■本書についてのご感想・ご質問、その他ご意見など、ご自由にお書き下さい。

■お名前

(歳)

■ご住所

〒

■ご職業

■ご勤務先・学校名

■所属学会・研究団体

■E-MAIL

●ご購入の動機

A. 店頭で現物をみて　B. 新聞・雑誌広告（紙誌名 ）

C. メルマガ・ML（ ）

D. 小会図書目録　E. 小会からの新刊案内（DM）

F. 書評（ ）

G. 人にすすめられた　H. テキスト　I. その他

●日常的に参考にされている専門書（含 欧文書）の情報媒体は何ですか。

●ご購入書店名

都道府県　市区町　店名

※ご購読ありがとうございます。このカードは小会の図書およびブックフェア等催事ご案内のお届けのほか、広告・編集上の資料とさせていただきます。お手数ですがご記入の上、切手を貼らずにご投函下さい。
各種案内の受け取りを希望されない方は右に○印をおつけ下さい。　案内不要

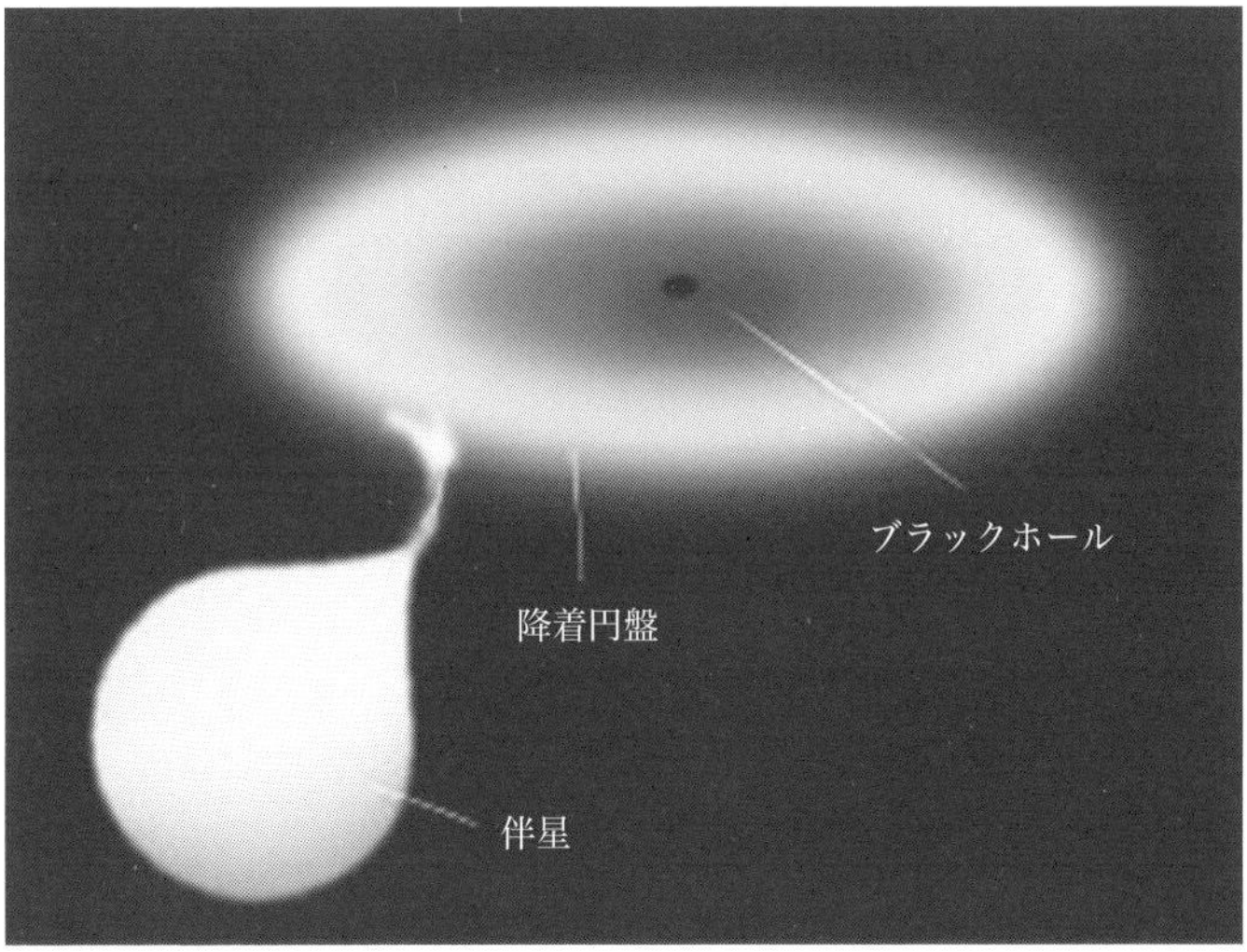

図14●ブラックホール連星系の想像図
（京大宇宙線研究室のホームページから）

（これを連星といいます）。

重たい星同士が連星になっている場合、片方の星が早く進化して最後に超新星爆発を起こし、ブラックホールを残します。もう一方の星はまだふつうの星のままですが、そのガスがブラックホールの強い重力に引かれて、円盤状になって落ちていきます。するとブラックホールの周辺で非常に強いX線をだします。だからX線を測るとひょっとしたらここにブラックホールがあるかもしれないということがわかります。

(2) 観測と計算で探し出す

ブラックホールにもいろいろあり、いろいろなところに存在しています。わたしたちの銀河を天の川銀河とよぶのですが、その天の川銀河の中心にもブラックホールがあるらしいということがわかってきました。

天の川銀河の中心近くを、赤外線を使ってほぼ一〇年間にわたって観測した人がいます。地球から三万光年という遠い世界ですが、そんな遠い世界でも星の運動が一〇年間にわたって精密に観測できたのです。

ある星はほぼ一〇年で銀河中心のまわりを楕円《だえん》軌道で公転しています。銀河の中心に一番近づいたときの距離は太陽と海王星くらいの距離です。そのときの星のスピードは毎秒五〇〇〇キロメートルという速さです。海王星は毎秒五キロメートルくらいのスピードですから一〇〇〇倍の速さです。

これだけの情報で、銀河の中心にある天体の重さを計算することができます。遠心力と重力がつりあう式を使えば求まりますので物理の得意な人は挑戦してみてください。

正確には太陽の二六〇〇万倍の重さの天体がそこにあることがわかりました。銀河中心の狭い範囲にこれだけの質量を押し込めるにはブラックホールしかありません。つまり、先ほどお話しした超新星爆発のあとにできるブラックホール以外に、このような巨大な大質量のブラックホールが銀河の中心に存在するということになります。

このようにタイプの異なる二種類のブラックホールについて、後でも取り上げます。

(3) ジェットが手がかり

このような大質量のブラックホールはわれわれの銀河系以外にも数多くあります。図15はPictor Aという天体のX線写真です。左下に太陽質量の一〇〇〇万倍ぐらいの巨大な質量のブラックホールが存在します。そこにガスが落ち込んで強いX線をだしているわけです。同時にジェットができます。右上の一直線に伸びている構造がそうです。この延長線上にたくさんのX線源を見つけることができます。

図15 ● Pictor A とジェットの X 線写真
（NASA のホームページから）

Q&A——3　ジェットの正体

Q　ジェットは、物質的にはどのような構成になっているのですか?

小山　今、お見せしたX線は電子から出ているのですが、ジェットは電子以外に陽電子、陽子とか中性子、その混合ガスが飛んでいます。ジェット自身は、そのガス、ガスというよりプラズマですね。そのようなものからX線が出たり電波が出たりするのです。

Q　ブラックホールでも見えますか?

小山　はい。可視光で見えるジェットもあります。

(4) 銀河系中心のジェット

先ほど天の川銀河にもブラックホールが確かにあるといいました。図16は銀河系の中心をX線で撮った写真です。そこにブラックホールがあるならジェットが出ていてもいいはずだと推定されますね。図16のX線写真のなかにジェットがあるでしょうか。それを探すのは大変です。数多くの天体があっても、どれもジェットにはみえません。

ところで、図16の右上に白線にそって三つの小さい天体が一直線上に並んでいますね。その延長上に銀河の中心がきます。これがジェットだという発表をしたら、「うそを言うな」とか、「そんなの、

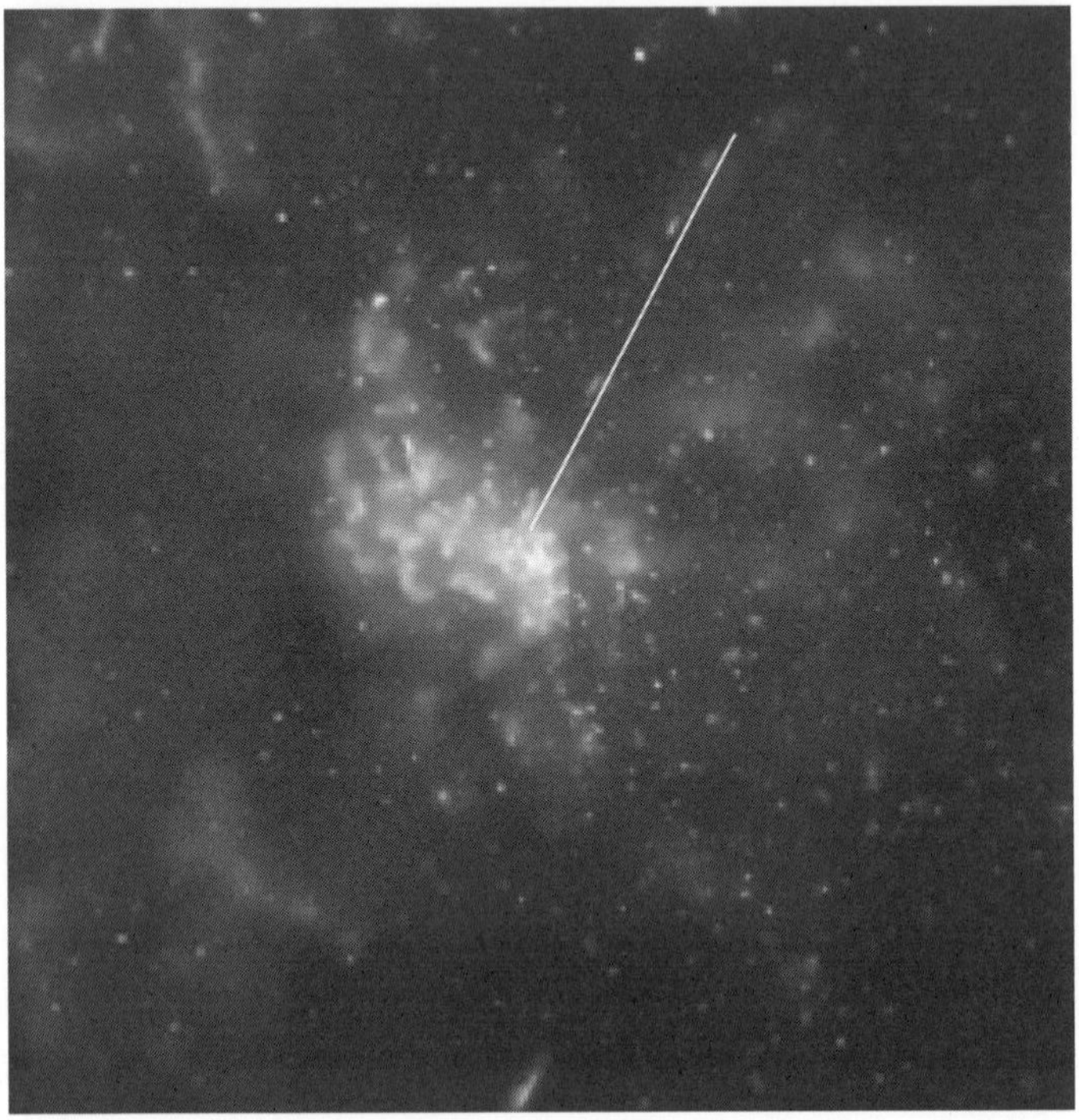

図16●銀河系中心部のX線写真（口絵2）
（京大宇宙線研究室のホームページから）

ジェットにみえない」とみなさんは疑いました。言った本人も疑っています。けれども、図16をみているうちにだんだん本当にジェットだという気になってきました。この三つの天体、ジェットと見当をつけた天体の一つを拡大してみましょう。

拡大写真（図17）の細長い楕円と、ほかの二つもこれと同じ方向にのびた長円です。つまり、すべて長軸が同じ方向、銀河中心方向に向いているのです。さらにそれぞれ同じ一直線上に並んでいます。これこそ天の川銀河のジェットといえるでしょう。

ジェットであることのもう一つの証拠はX線のスペクトルです。測定してみると、のっぺらとしたスペクトルが得られました、実はこれこそジェット特有のもので、シンクロトロン放射とよんでいます。非常に高速の電子が磁場のなかで飛び回っている現象です。このようにX線の形状とスペクトルから判断して、銀河中心からジェットがでているといえます。これらジェットは銀河中心の非常に近くにいますから、ごく最近（何百年か前ですが）、ジェットが噴き出していたに違いないという結論になります。

数百年前に銀河中心のブラックホールに大量のガスが落ちて、宇宙空間にジェットが噴き出ていったということになります。大量のガスが落ちるとX線も出します。数百年前にはX線も明るかったという証拠も観測されています。

なぜ大量のガスが銀河中心に落ち込んだのでしょうか。図16のX線写真で、銀河中心の左側の明る

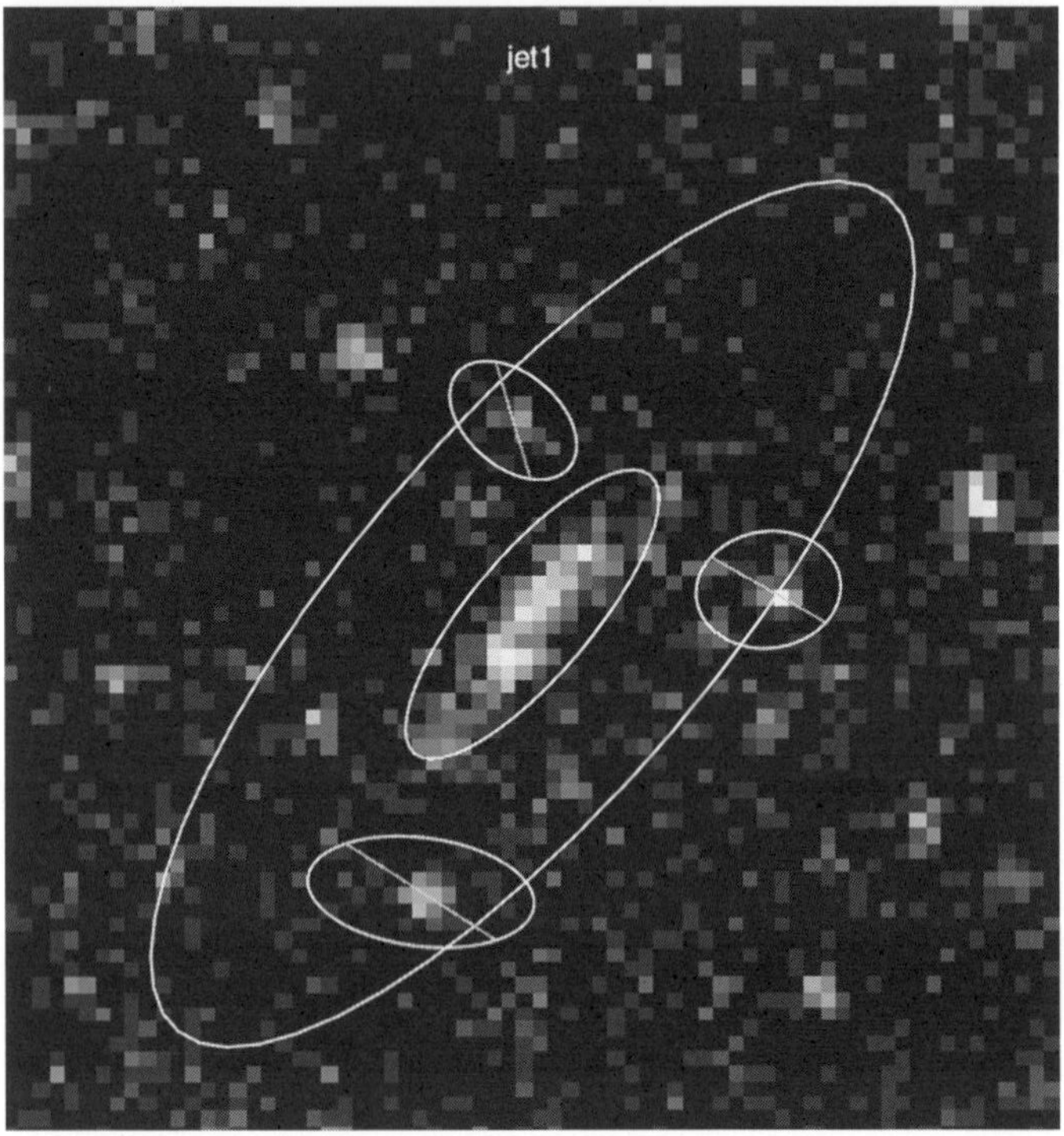

図17●銀河系中心ジェットの拡大Ｘ線写真
（京大宇宙線研究室のホームページから）

い部分のX線スペクトルをとると、図11（右）とそっくりのものが得られました。大量の元素、重元素があるという証拠です。大量の重元素がある場所というのは超新星残骸、超新星爆発の場所です。だから、銀河中心近くで超新星爆発が起こったということになります。

超新星爆発がいつごろ起こったかはX線データを解析すると見当がつきます。数千年前です。この超新星爆発でできた衝撃波は、今から三〇〇年ほど前に銀河中心に到達しました。衝撃波は密度の濃いリング状になっています。それが銀河中心の近くを通り過ぎると、密度が高いため、大量のガスがブラックホールに落ち込みX線で明るくなるのです。そして同時にジェットをだすという寸法です。

(5) ブラックホールの質量

ブラックホールの話の最後に、わたしたちの研究をもう一つ紹介します。これまでお話ししたように、超新星爆発でブラックホールができます。その重さは太陽質量のせいぜい一〇倍くらいです。また銀河中心には、先ほど示したように太陽の重さの数百万倍といった怪物のようなブラックホールがあるということがわかりました。でもこのような大質量のブラックホールがどうしてできるかということはわかっていないのです。

それはともかく、少なくとも今まで見つかったブラックホールを質量で分類すると、二種類あることがわかっています。太陽質量に対して一〇倍程度のものと一〇〇万倍という巨大なものと、その二種類です。不思議なことにその中間の質量のブラックホールはいままで見つかっておりません。

わたしたちがＭ82[3]という銀河の中心部分をＸ線で観測したところ、非常に明るいＸ線天体が見つかりました。その明るさから推定し、だいたい太陽の一〇〇〇倍ぐらいの質量のブラックホールであるということがわかりました。ちょうど中間質量です。それが銀河中心でなくてちょっと外れたところにある非常に巨大な星の集団のなかに見つかったわけです（図18参照）。

3　Ｍ82（NGC3034）は、おおぐま座にある銀河で、距離は一二〇〇万光年のかなたにあります。見かけの形状が変わっていたことから、かつては「爆発している銀河」だと考えられていました。現在は電波観測などが行なわれ、爆発的星形成が進行している特異な銀河だということがわかってきました。

星の集団のなかでは一個一個の星が超新星爆発して太陽質量の一〇倍程度のブラックホールができます。それらが合体を繰り返してやがて一〇〇〇倍くらいの質量になったと考えられています。

さらにこのような中間質量のブラックホールは銀河中心の奥に時間とともに落ち込んでいきます。最終的に太陽の一〇〇万倍とか、あるいはものによっては一〇億倍という大質量のブラックホールをつくるのでしょう。

＊

わたしたちの研究室のホームページ　http://www-cr.scphys.kyoto-u.ac.jp/ からいろいろなデータとか写真、紹介記事をごらんになってください。ＮＡＳＡ等にもリンクしていますので、アクセスして

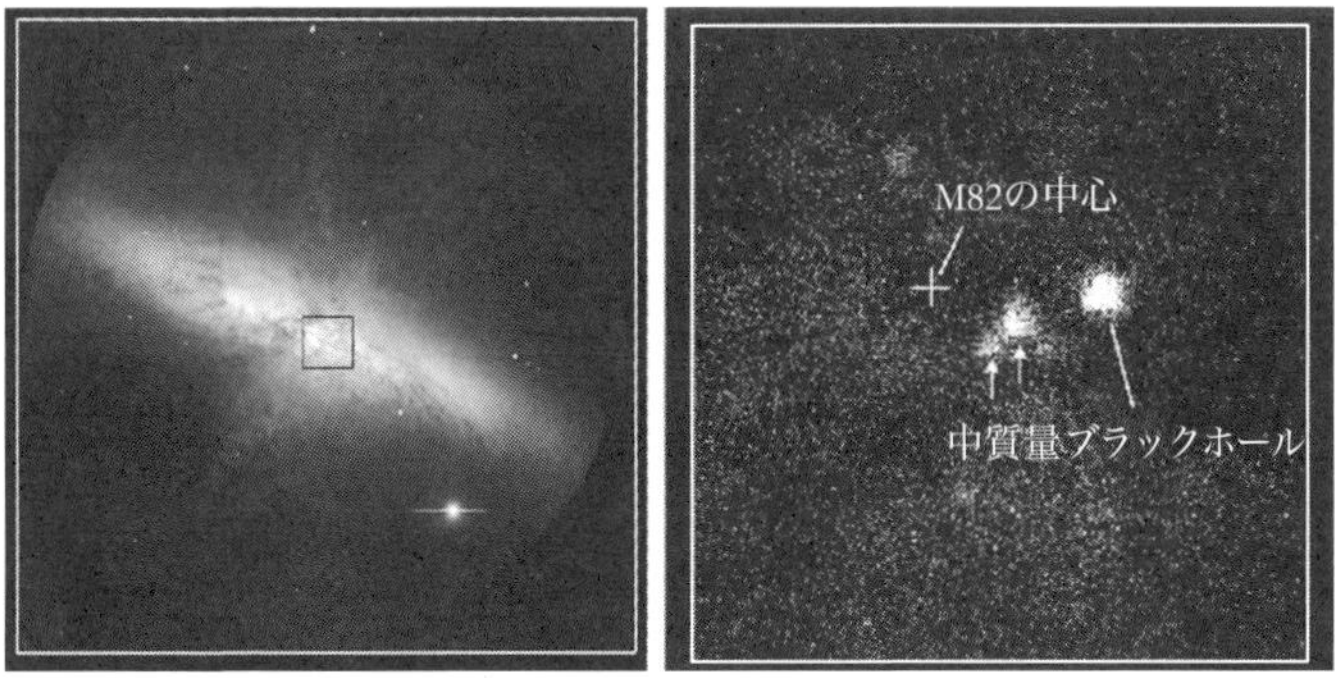

図18 ● M82 銀河の中心部分の可視光と X 線写真
（京大宇宙線研究室のホームページから）

みるのもいいでしょう。自由に入れますから、さらにいろいろなところにアクセスして宇宙の旅を楽しんでください。

Q&A——4　ブラックホール

4-1　ブラックホールの最後と宇宙の将来

Q　ブラックホールは星の死骸ということですが、そこで終わるのですか。あるいはブラックホールのさらにその将来というのがあるのでしょうか？

小山　ブラックホールは大きな星の死骸で、それで将来どうなるかわかりませんが、ブラックホールにもし、どんどん物質が落ち込んでいくとブラックホール自身もどんどん成長していきます。

Q　ですから、ブラックホールが成長すると？

小山　大きいブラックホールになります。

Q　ブラックホールの成長はどこかで終わってしまうのですか。

小山　それはほぼ永久でしょう。宇宙が続いている限り。

Q　やがて最終的には一つの大きなブラックホールになって宇宙が終わってしまうということですか。

小山　宇宙の将来ですか？

Q　ええ。

小山　それはわかりません。でも宇宙は膨張していますから、全ての物質が一つのブラックホールに落ち込むことはないでしょう。

柴田　蒸発するのではありませんか？

小山　小さなブラックホールは蒸発すると言われています。

Q　蒸発というのは？

中村　ホーキングの理論にしたがうとブラックホールは蒸発するのですが、それは重さがほぼ一〇の一五乗グラム以下で、大きさは米粒くらいのブラックホールです。今の話のように太陽より重いものは永久といえるほど長く存在します。

小山　蒸発するのは宇宙初期にできた軽いブラックホールですから、いまはなくなっているでしょう。

4-2　銀河の中心とブラックホール

Q　銀河の中心には何かものがあるということですか？

小山　われわれの銀河系の中心にはブラックホールがありますね。

Q　銀河というものには必ず中心があるのですか？

小山　中心という定義は何かというと、ふつうはいろいろな星とかガスが運動しています。その運動の中心を中心というのですね。多くの銀河にはその運動の中心にはブラックホールがある。でも多分小規模な銀河にはブラックホールはないと思います。

Q　中心がない場合どうやって決めるのですか？

小山　中心はあるのです。何でも中心はあって、そこにブラックホールがあるかないかの違いです。星とかガスが運動していますね。それはある重力、ある場所を中心に運動しているのです。そうしないと、がしゃんと崩れてしまいます。その運動しない場所が中心と定義しています。

4-3　ホワイトホール

Q　随分昔にブラックホールという言葉を本で知りました。最初は、おとぎ話のような雰囲気でとらえていたのですが、いろいろとテレビで見たり、新たにまた本を読んだりしていく過程で、どうやらこれはまったく架空のものではなくて理論的に大真面目に正面から取り組む科学の対象だなというような認識を強めています。最近、イギリスの天文学者の方がブラックホールに対してホワイトホールというのを提唱されているというのを読んだのですが、わたしの感覚ではブラックホールほどまだ認知されていないように思います。やはりエネルギー保存の法則からいうと当然それもあるだろうと僕は思うのですが、現在のこの学界の中でホワイトホールというのはブラックホールと同じように真面目に取り上げられているのでしょうか？

中村　おっしゃるとおり、ブラックホールは公認されたものですけれども、ホワイトホールは数学的に時間反転したもの、理論上の存在です。ブラックホールにはイベントホライズン（事象の地平）という面があって必ず一方通行で、ブラックホールには必ず外からものが入ります。ホワイトホールは逆で、中から必ず外にものが出る面が考えられるのですが、おっしゃるとおり、そのようなものが本当にあるのかどうか、真面目には考えていない人が多いと思います。

柴田　ホワイトホールはわたしの小学生の息子でも話題にしたりしていますね。ドラえもんに出てきたようです。

4-4　ブラックホールに落ちると？

Q　ブラックホールに落ちるとどうなるのでしょうか？

中村　ブラックホールには特異性が存在しています。そこでは、潮汐力が無限大になります。したがって、アインシュタイン理論は破綻しています。量子力学を考えると無限大はなくなると考えられていて、今研究が盛んに行なわれているのですが、まだまだ統一的な描像はできていません。だからアインシュタイン理論でいう限りは、特異性で時間が止まって終わり。ブラックホールではこの特異性が事象の地平面で覆われています。したがって、ブラックホールの中での経験は伝える手段がないのです。「あー死ぬー」とかいっても、どこにも伝わらない。あなたは経験できます、個人的には。

4-5　ブラックホールの蒸発

Q　先ほど、銀河宇宙の中心にはブラックホールがあることは確実視されているとおっしゃいました。銀河宇宙は始まりと終わりがあるようですが、その中心にあるブラックホールの蒸発とかいいますと、何かブラックホールの時間が経過しているように聞こえます。先ほど時間が消えるとおっしゃったのと、矛盾していませんか？

中村　それは、ブラックホールの中で、です。ブラックホールの中で非常に特異なことが起きるわけです。ところが、うまいことに、それは外に全然情報が伝わらないという面で囲まれています。だから、そこで何が起ころうが外には何の害も及ばないので、心配しないでいいのです。

柴田　今の質問はなかなか鋭いところを突いていますね。つまり、中心に特異性がある。しかし、ブラックホールの小さいのは簡単に蒸発できますね。蒸発していったら、特異性はどうなるのですか？

中村　それはわからない。最終的には量子重力理論が解明するはずですが、それは未完成です。

柴田　最後、特異性までできたら何が起こるかわからないのですか。

中村　いろいろな諸説がありますが、定説はありません。要するに、重力の量子論というのができあがっていない以上、いろいろなことがいえるけれども、決定的なことはいえないという意味です。

Q　では、ただの蒸発ではないかもしれないわけですね？

中村　ただの蒸発ではないかもしれない。最近、ホーキングが言っているよりもっと早いのではないかというような議論もありますが、それは、いろいろな諸説の中の一つで、確立されたものでもない。それは盛んに研究されているところです。

Q　ブラックホールが蒸発するとのことですが、蒸発するとどのような状態になってしまうのですか?

中村　ブラックホールというのは質量を持っているわけです。それが、どんどん減っていきます。その代わり、まわりにたとえば放射が出る。光子とかニュートリノとかが出ていく、そのような状態です。

Q　質量がなくなっていく代わりに、そのようなものが外に出ていく?

中村　そうそう。ただし、残念ながらまだ理論であって、確認されていません。

Q　ブラックホールというと、いろいろなものが吸い込まれていくようなイメージがあるのですが、蒸発してしまうというのはどう考えたらよいのでしょう?

中村　少し難しいのですが量子力学によると、真空は常にある粒子の対がポッとできたり消えたりしている状態です。ブラックホールの表面の両方でパッと粒子が二つできる。ブラックホールの内側の粒子は、外側から見ていると負のエネルギーを持ったように見える。それが落下するから、ブラックホールの質量が減る。これが、ちょっとはわかりやすい説明です。つまり、エネルギーが正のものと負の粒子が対でできて、負の粒子がブラックホールに吸い込まれて、ブラックホールの質量が減って、正の粒子が外に出ていく。これは、だから、量子力学でよくいわれる対生成の、少しはわかりやすい説明です。

柴田　見かけでは、エネルギーが飛び出しているのが見えるわけですね?

中村　見かけでは。けれども、なぜ減るのだと言われると、負のエネルギーのものがブラックホールトの中に発生して、それが吸収される。そう解釈するしかありません。しかし、ホーキングのいうことが正しいかどうかは、実験で検証されることが必要です。残念ながら、彼はまだノーベル賞をもらっていません。検証されていないからです。

4-6　電磁波はブラックホールから出られないのに、なぜ重力は出るのか？

Q　ブラックホールは光も逃げ出せない重力場だそうですが、重力は逃げるという話を聞いたことがあります。そのようなことはどうして起こるのか、簡単に教えていただけますでしょうか？

中村　ブラックホールのまわりに、重力場ができている。つまりブラックホールのまわりには重力場のエネルギーというのが基本的にあるから、重力としては存在するのです。

Q　ブラックホールの中から重力が逃げていくということとは違うわけですか？

中村　エネルギーは逃げていきません。そのような定常的な場があるということです。たとえばブラックホールの中には、電荷があるブラックホールもあります。そうすると、その場合に電気力というのはちゃんと周囲に及びます。電気力とか重力というのは波ではないので、伝わってはいきません。

第2章……赤外線でさぐる宇宙の始め

舞原俊憲

第1章はX線が主題でした。X線で宇宙を観ることができるようになって、この世のものと思われないような本当に驚くような天体の現象がたくさん起こっていることがわかってきました。

宇宙はビッグバンと呼ばれる爆発的な膨張が起こって始まったということは周知のことになってきました。宇宙は非日常的な特殊な現象を含んでいて、まだ未解明の現象も多くあります。そのような不思議な始まりをもつ宇宙全体は、どのようなものと理解すればよいでしょうか。そしてその中で、赤外線の観測という方法がどのように有効にはたらくのでしょうか。

今、X線を含め、ガンマ線、電波、赤外線、紫外線など、ふつうの可視光以外のいろいろな波長域を使って、宇宙の研究はすごい勢いで進展しているという感じがいたします。これはなぜかといいますと、宇宙の基本的な構造について、かなりわかっているようでありながら、実はまだ非常に本質的なことが、わかっていないので、その謎の解明の手がかりになる宇宙の「情報」を、それら可視光以外の観測手段で得ることができるかも知れないと期待されているからです。

では、いま、もっとも解明がまたれていることがらは何か、キーワードでみていきましょう。

1 解明がまたれている四つの謎

(1) 未解明の謎1 「ブラックホール」

第1章でも、ブラックホールの生成が話題にされていました。X線の観測をはじめ、光や電波などの観測においても非常に速い時間変動をもつ奇妙な振る舞いを示す現象が調べられてきた結果、今ではブラックホールの存在は確証されているといってよいでしょう。

でも、銀河の中心に存在する巨大ブラックホールの中には、通常の星の数百万倍から数億倍の質量をもつものまであって、この種のブラックホールの起源は今でもまったくの謎なのです。銀河の個々の星の進化の最後の大爆発(超新星爆発)の際に生まれたブラックホールが集まって巨大ブラックホールに成長するという説や、銀河形成の初期の段階で、一気に巨大なブラックホールが生まれる可能性なども考えられていますが、この謎は天体物理学が解くべき最大の課題の一つとなっています。

(2) 未解明の謎2 「ダークマター」

宇宙には銀河や星がいっぱいあって、「宇宙全体の重さ」を担っています。それらはわれわれが知っている通常物質ですけれども、それ以外に「宇宙全体の重さ」(重力源)の大部分を担っているのに、ふつうの物質ではないものもあります。それを「ダークマター」(または「暗黒物質」)とよんでいるのですが、そういう謎の物質も存在しているのです。そのダークマターが、一体どのようなものかというのはまだ何もわかっていません。

(3) 未解明の謎3 「ビッグバン」

宇宙はどのようなきっかけで膨脹を始めたのか、この点についても、われわれはまだ説明することができません。宇宙の始めのころに、どのようにして星や銀河や巨大ブラックホールが生まれて、宇宙に現在のような華麗な天体たちが存在するようになったのでしょうか。そのプロセスを解明する手がかりとなる現象は、まだ観測能力が十分に成熟していないためみることができない宇宙の果ての領域で起こっています。

さらに、これから宇宙の膨脹はどうなっていくのでしょうか。巨大なブラックホールも、宇宙の非常に長い時間のうちにいずれは蒸発してしまうのではないかと考えられています。このような大きな疑問を天文学は抱えています。

（4）未解明の謎4 「ダークエネルギー」

さらにもう一つのキーワードが「ダークエネルギー」です。これははじめて耳にする方が多いと思います。ダークエネルギーというのはきわめて難しい概念です。

宇宙は、空虚な空間すなわち真空のなかに、星があり銀河がありダークマターがあります。ところが、真空というのが実は、何もない空虚なところではなくて、真空そのものもわずかながらエネルギーをもつ状態である、ということのようなのです。その真空のもつエネルギーが宇宙の膨張速度を加速する効果を果たすというのです。この謎こそ、現代物理学が直面している最大の難問なのです。

（5）観測精度の上昇につれて深まる謎

これからもっと大きな観測装置が開発されるようになるでしょう。たとえば「すばる」望遠鏡よりずっと大きな望遠鏡とか、人工衛星に搭載した大きな望遠鏡、またはX線やガンマ線の望遠鏡、重力波望遠鏡などです。

こういうものを使って観測できるようになると、宇宙の始めのころの状態を直接みることができるようになります。そうすると、現在未解明な前述の四つのキーワードを解明することができるようになるでしょう。

ところが、観測機器の精度が上昇して、現在未解明な問題に説明がついたとしても、また新たな謎が浮かんできます。

たとえばいつまでも宇宙膨脹の加速が続くのかどうかはわかりません。ダークエネルギー（真空エネルギー）の値自身が変っていくかも知れないのです。

このように本質的なことなのによくわからないこと、謎がこれからもいろいろでてくるのです。理論的進展も必要ですけれども、これからの宇宙の観測的研究がもたらすものはまだまだ想像もできないものがあります。

2 赤外線で宇宙を観ることの意味

まず、赤外線が、いったい何を観測対象にしているかということから始めましょう。赤外線の観測対象の一つは、巨大ブラックホールがあると思われている銀河の中心部です。

(1) 赤外線でブラックホールを観る

ブラックホールの大きさは、いろいろあります。星ぐらいの大きさのものもあれば、銀河の中心にあるような、太陽の重さの数百万倍のものもあります。遠くの銀河中心部には、太陽の質量の一億倍以上のものまであります。通常銀河の中心は星間塵に埋もれているので、可視光ではみることができないのですが、赤外線の観測で、巨大ブラックホールのまわりを回っている星の運動を測定することができます。

最初に少しだけ紹介したいのは、ミシガン大学のリッチストーン教授の説です。銀河の中心にある巨大ブラックホールというのは、銀河の形成そのものと切っても切れない間柄で、ブラックホールなしには銀河というものはむしろ存在しないといってもいい、という説です。

彼がここ一〇年ほどで、全部で三〇個ぐらいの銀河を取り上げて一個一個調べたところ、少なくとも二九個にはブラックホールがあることがわかりました。それぞれのブラックホールの質量も求めると、ブラックホールの質量は銀河の質量にだいたい比例していて、銀河全体の質量の一〇〇〇分の一から一〇〇分の一ぐらいの間のところに、ブラックホールの質量はあるようです。

彼の考えによると、宇宙の始めのころに銀河本体ができたというよりも、むしろ中心にある巨大ブラックホールのようなもののほうが早くできたと主張しています。我々の宇宙ではふつうの常識でとても思いつかないようなことがいろいろ起こっていますので、わたしはこのリッチストーン説も有力ではないかと思っています。

宇宙の研究を行なうには、想像力をたくましくしつつ勉強していかないといけません。これも、始めに巨大ブラックホールがあって、それがかなり重要なはたらきをしながら銀河ができ、その進化にも影響をしているという考え方です。そうだとすると、宇宙進化はブラックホール抜きに考えられないということになります。

先ほど宇宙の四つの謎を紹介しましたが、解決しなくてはいけない重要な宇宙の問題はまだたくさんあります。これから主には「赤外線」に関わる具体的な研究の事例をいくつか紹介していきたいと思います。

(2) 赤外線観測の特徴

この章では「赤外線で宇宙を観ることの意味」というように表題を書きました。一般に、宇宙を可視光以外の波長でみると、今までわからなかったことがいろいろとわかってきます。

さて、赤外線とは何でしょうか。これは可視光よりも波長が長い電磁波の一種です。X線もガンマ線も電波も可視光と同じ仲間の電磁波なのですが、その中で波長的に可視光ととなりあっている電磁波が赤外線です。(第1章八ページ図2参照)

赤外線には特徴がいくつかあります。

一番目は、可視光が届かないような暗黒星雲のなかのほうや、銀河の中心部分まででも見通すことができることです。宇宙空間には塵《ちり》の粒子を含んだ暗黒星雲とよばれるガス雲があるために、遠くのほうは見えなくなります。しかし、赤外線は星間空間に漂う固体微粒子である星間塵に吸収されにくいという特徴をもっているので、可視光では観測できない部分を観測できます。

二番目の特徴は、温度の低い天体を調べることができるということです。赤ちゃん星、すなわち生まれたばかりの星（原始星）は温度が低いので、可視光は放射していないのです。しかし、赤外線では生まれたての低温の星でも観ることができるのです。

三番目の特徴は、宇宙膨張は遠方ほど高速度で遠ざかっているため、光のドップラー効果により波長の長い赤外線の光として地上に到達してくるということです。

したがって、もしも非常に遠方の宇宙のようすを観測したいと思えば、どうしても赤外線による観測が必要となるのです。これまでもっとも遠方の天体は、波長が七倍も長く伸びてしまうくらいの赤方偏移効果を受けています。

赤方偏移の程度をふつうｚという記号であらわしますが、これまで発見された最大の赤方偏移の銀河は、ｚの値が六以上となっています。この場合、波長にすると「ｚ＋１」倍長くなるので、七倍以上長波長の赤外線になってしまうのです。

通常の星の光が、波長三〇〇〇～七〇〇〇オングストローム程度とすると、七倍波長が伸びるということは約二～五マイクロメートルとなります。これは完全に赤外線の領域になります。

(3) 宇宙の塵に吸収されにくい

赤外線の透過率がすぐれている例を、図1でお見せします。

右の大きいほうの図はオリオンBとよばれている星雲の赤外線画像です。中央部の明るいところに、赤外線だけでみえる生まれて間もない星がたくさん集まっているようすをみることができます。

それに対してその領域を可視光で見たのが左の画像です。中央部は星がまったくみえない暗黒星雲になっています。

(4) 観測装置が飛躍的に進歩している

図2は、銀河中心領域の広域イメージです。左はふつうの可視光で長い露出で望遠レンズを使って撮られたものです。十字のマークが書かれているところが、われわれの銀河の中心位置ですが、可視光では暗黒星雲のようにしか見えません。赤外線でその部分を拡大してみると、実はその「銀河中心」は赤外線でもっとも明るい放射をだしているあたりに一致しているのです。

図2で十字マークを付けたところを拡大して、赤外線で見えている一個一個の星を詳細に追跡調査

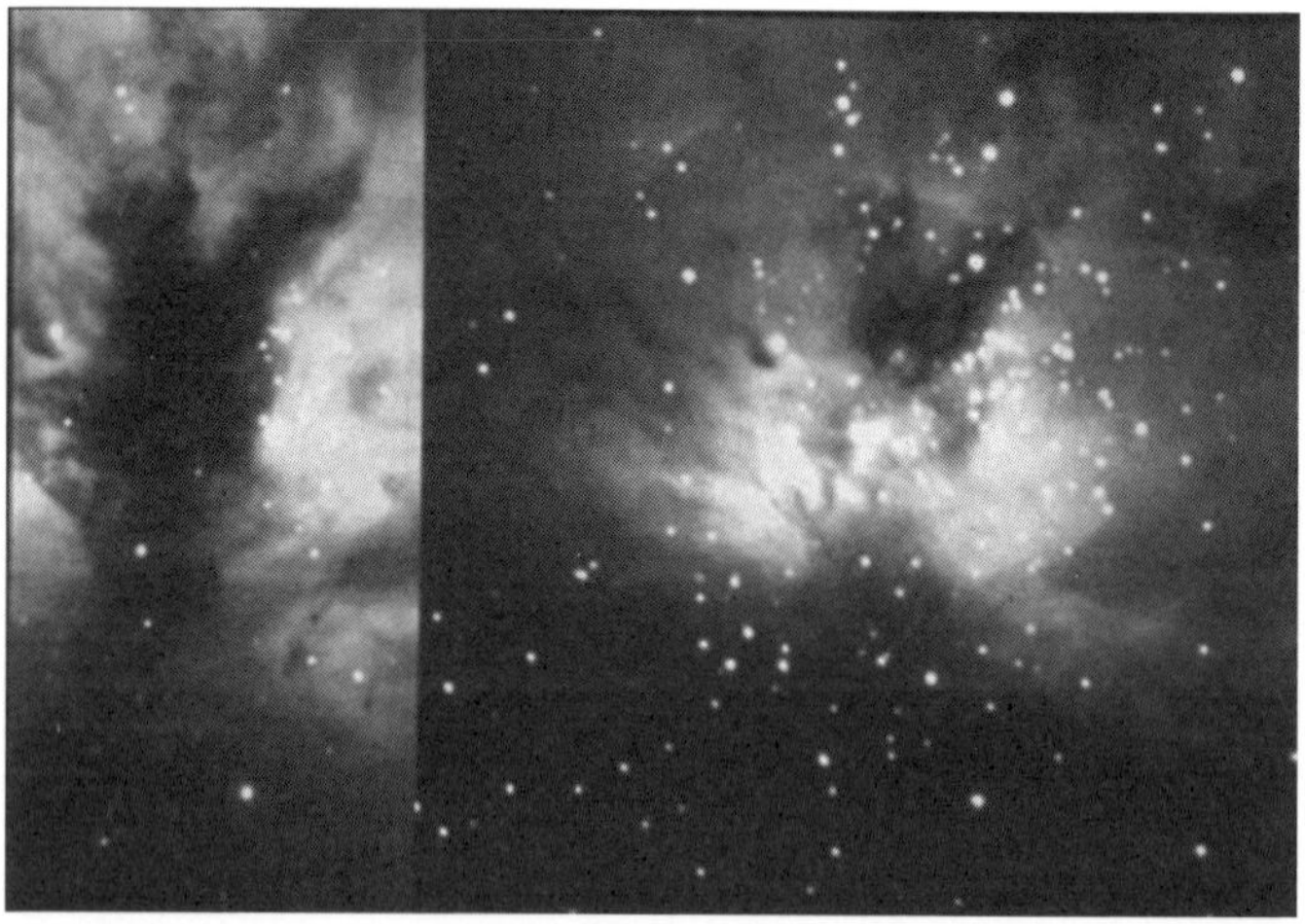

図1●可視光（左）と赤外線（右）の透過率の比較（NOAO Symposium 1987）
（口絵 3）Science 1988（Vol. 242）

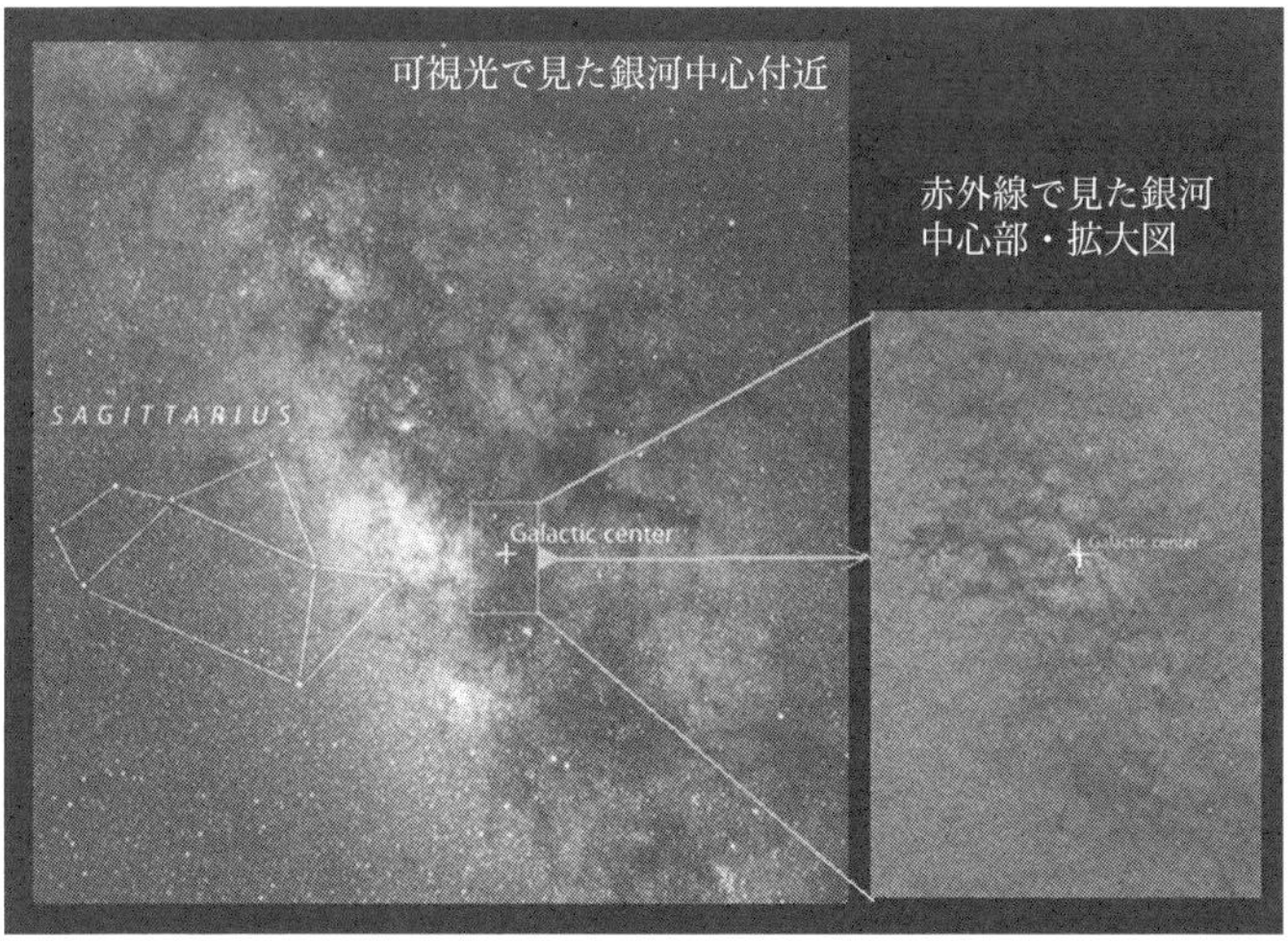

図2●銀河中心部の可視光と赤外線の景色（左：Sky and Telescope 1997；右：IRSF1.4m 2004）

したのが、ドイツのマックスプランク研究所のゲンツェル博士らのグループです。この調査によってそれまでにも存在が予想されていた巨大ブラックホールのまわりをそれらの星が公転するようすを明らかにすることができたのです。

それにより、われわれの銀河の中心にあるブラックホールの重さは、太陽の質量の約二六〇万倍という正確な推定がされました。ついでですが、赤外線で個々の星の運動を調べるためには、星の結像精度は〇・一秒角ぐらいの高い解像度[1]を必要とします。現在八メートルクラスの望遠鏡では、赤外線の補償光学[2]とよばれている装置でそれが実現できるようになったのです。それまでは、大気の揺ぎ効果のために約一秒角に近い結像精度しか得られていませんでした。

1 天体像を記録する撮像装置の性能を表すのに、解像度という角度の細かさを表す用語を使います。ふつうの望遠鏡の解像度は、約一秒角前後といわれています。

2 赤外線天文学の特徴の一つとして、ある程度波長は限定されますが、地上からでも観測が可能であることがあげられます。大気圏外からしか観測できないX線天文学と違って地上から観測できるのはたしかに便利です。しかし、「大気のゆらぎ」（温度差によるかげろうなど複雑な要素が原因になっています）が泣きどころでした。補償光学装置はこの「大気のゆらぎ」をリアルタイムで補正する装置。二〇〇〇年一一月、「すばる」に取りつけられた装置では、〇・〇六秒角のシャープな画像を実現しました。

図3では、有名な星形成領域であるオリオン大星雲の可視光と赤外線画像を比較しています。左の可視光の図は、可視光でみえるふつうの星と、電離ガスのぼーっと広がった放射成分が写っています

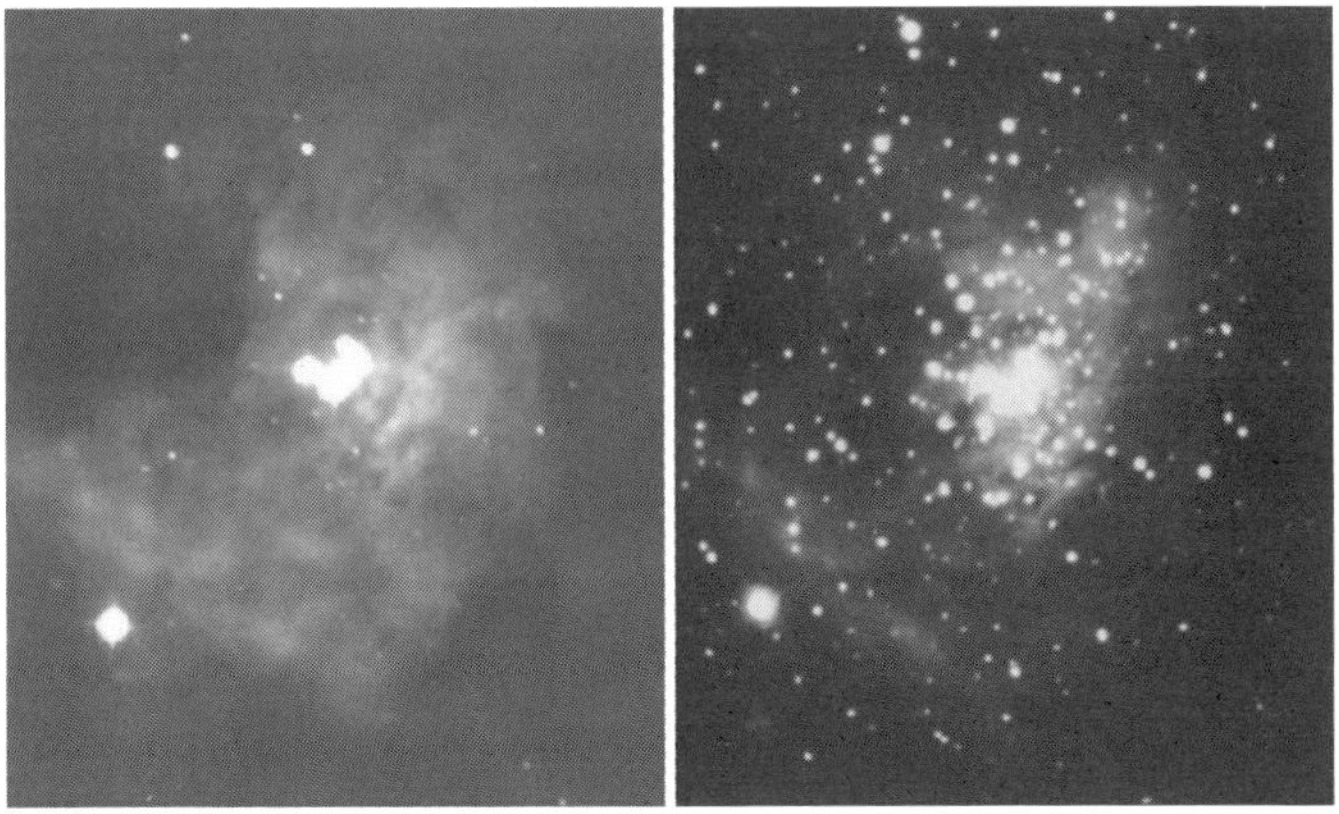

図3 ●オリオン大星雲の赤外線源探査（群馬天文台 提供）
（左：可視光による　右：赤外線による）

が、右の赤外線では、ガスと塵の雲に隠された生まれたての星や、非常に温度の低い赤ちゃん星がたくさん写ってきています。

それらの中には、一人前の星にはなれない「褐色矮星《わいせい》」とよばれる星も相当数写っているのです。星の誕生のプロセスは、まだ謎に包まれています。ガスと塵の雲の奥で起こっている誕生の瞬間を観測することは非常に難しいからで、赤外線専用の宇宙望遠鏡などもその観測をねらって計画されています。

ということで、星の生まれつつある暗黒星雲のなかや、銀河の中心を観測したいというときも、赤外線はちゃんと透過していて観測ができるのだということがわかります。

(5) WMAPのはじきだした宇宙年齢

さて、赤外線の三番目の特徴である「赤方偏移」に対応して、赤外線は宇宙の初期の天体の観測に威力を発揮できる、という点も強調したいと思います。

極端な例から説明しましょう。われわれが電磁波で観測できるもっとも遠方には、ビッグバン宇宙の始めの高温の電離したプラズマ状態となっているガスの姿をとらえることができるはずです。このようなプラズマ状態のガスからは、可視光の波長である約五〇〇〇オングストロームの付近の波長の光が放射されています。しかし、その光は、はるばるとわれわれのところに到着するときには、宇宙膨張にともなう赤方偏移の結果、波長が伸びてマイクロ波とよばれる電波の波長になって観測されるのです。

実際にこの電波を最初に観測したのはアメリカのアルノ・ベンジアスとロバート・ウィルソンで、ベル研究所に所属していた技師でした。一九六五年のことです。のちに「宇宙の背景放射の発見」[3]でノーベル賞を受賞しています。最近は、マイクロ波異方性探査衛星、略して「WMAP」[4]とよばれる人工衛星で精密な観測が行なわれました。宇宙の果てのプラズマの熱い壁が、赤方偏移効果のためにマイクロ波電波で観測ができたのです。

3　絶対温度三度（現在は二・七五度ともいわれている）に相当する放射だったため、「3K放射」ともよばれます。これは、宇宙は過去にはいまよりはるかに小さく、はるかに高温だったことの証拠と考えられています。

4　初期宇宙からの光である宇宙マイクロ波背景放射を全天にわたって、詳細に観測するための衛星。二〇〇一年六月三〇日に打ち上げられ、地球から約一六〇万キロメートル離れた、L2とよばれるラグランジュ点（力学的に安定な場所）にいて、観測を行なっています。Wilkinson Microwave Anisotropy Probe の略。Wilkinson はプリンストン大学のウィルキンソン博士に敬意を表して命名されました。

宇宙は全体として一様な密度の分布をしていると考えられますが、観測してみますと、図4のように、輝度むらがあることがわかりました。このむらむらの状態に含まれる二次元的な輝度分布を解析することによって、宇宙のことが非常に精密にわかってきました。たとえば、宇宙の年齢、物質やダークマターの密度、宇宙膨張の速度などの重要な「宇宙論パラメータ」がこれまでよりもずっと高い精

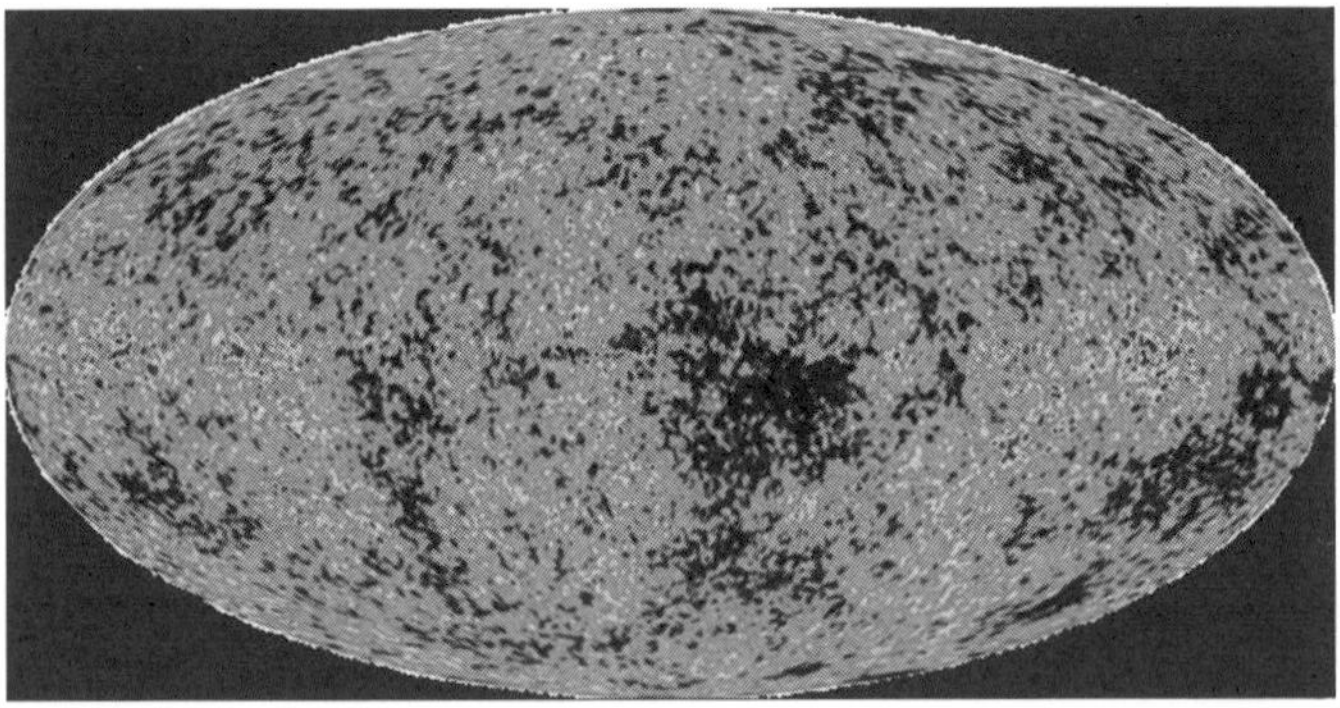

図4 ● WMAP の観測した宇宙背景放射の輝度むら（NASA 提供）

度で決まってきたのです。

ＷＭＡＰの出した答は宇宙年齢一三七億年ということでした。宇宙は高温の火の玉から温度が下がって、宇宙空間を光が自由に通過できるようになります。その直前の火の玉状態の最終段階の光が、マイクロ波の宇宙背景放射として観測されていたのです。

宇宙が晴れ上がって光が自由に通過するようになった時期になっても、すぐには星や銀河ができるわけではありません。しかし、いずれガス密度のむらが成長して第一世代の星や銀河ができてきます。先ほどのリッチストーン教授のような考えをいたしますと、第一世代の天体が発生するのと同じころの、わりに早い時期に「巨大ブラックホール」もできるのです。

光や赤外線を使った天文観測で解明しなければならない重要な課題は次のようなものがあります。

・このような宇宙のごく初期において、銀河のような天体がいつの時期から存在するようになったのか

・リッチストーン説のような巨大ブラックホールの生成の過程がどのように起こってきたのか

・第一世代の星は、おそらく星団のような集団でできると考えられるが、それらは果たして観測可能なのか

以上のような点を今後開発されていく先端的観測によって調べていきたいと思っています。

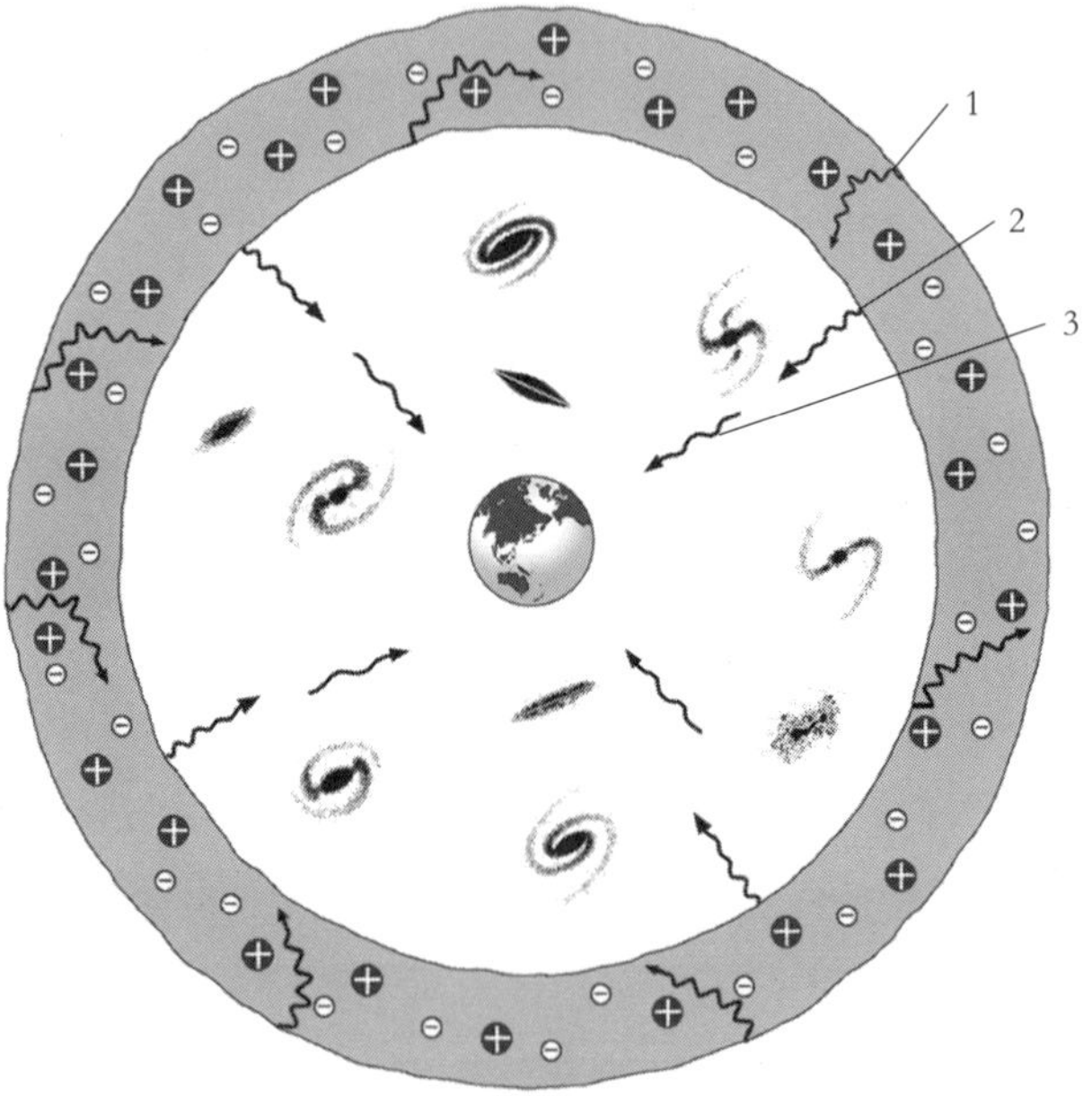

図5 ●宇宙背景放射

1. 宇宙初期：自由電子にさえぎられて，光は直進できない（プラズマ状態）.
2. ビッグバン10～30万年後の宇宙：水素原子が生成される．原子核が電子と結びついて宇宙が透明になり（宇宙の晴れ上がり），光が直進できるようになる.
3. 現在の宇宙（地球）：2のときの光が，宇宙の背景放射として観測される.

3　宇宙の構成要素と赤外線観測

本章で取り上げる宇宙研究のキーワードとして、「ブラックホール」「ビッグバン」「ダークマター」「ダークエネルギー」があります。このことを少し解説しておきます。図5をみてください。我々が宇宙の果てを見ると図の1の領域、すなわち高温のプラズマ状態が壁のように見えるはずです。そして、その壁の手前に銀河ができて進化している空間があるのです。

(1) 見えないけれども確かに存在する「未知の物質」

実は、宇宙全体をかたちづくっている、または宇宙の質量をになっている構成要素は、意外にも星やガスではなく、「ダークマター」とよばれる未知の物質です。銀河の星やガスを全部足し合わせて銀河の全質量をだしても、その銀河のまわりのガスの運動がどうしても説明できないのです。このため銀河の中には、見えないけれどもダークマターとよばれているものがあって、重力源になっていると考えられているのです。

ダークマターの正体はいまだにまったくわかっていません。しかし宇宙の構成要素をすべて考慮すると（あとででてくるダークエネルギーを含め）宇宙のなかで、通常の物質は四％程度にしか過ぎないの

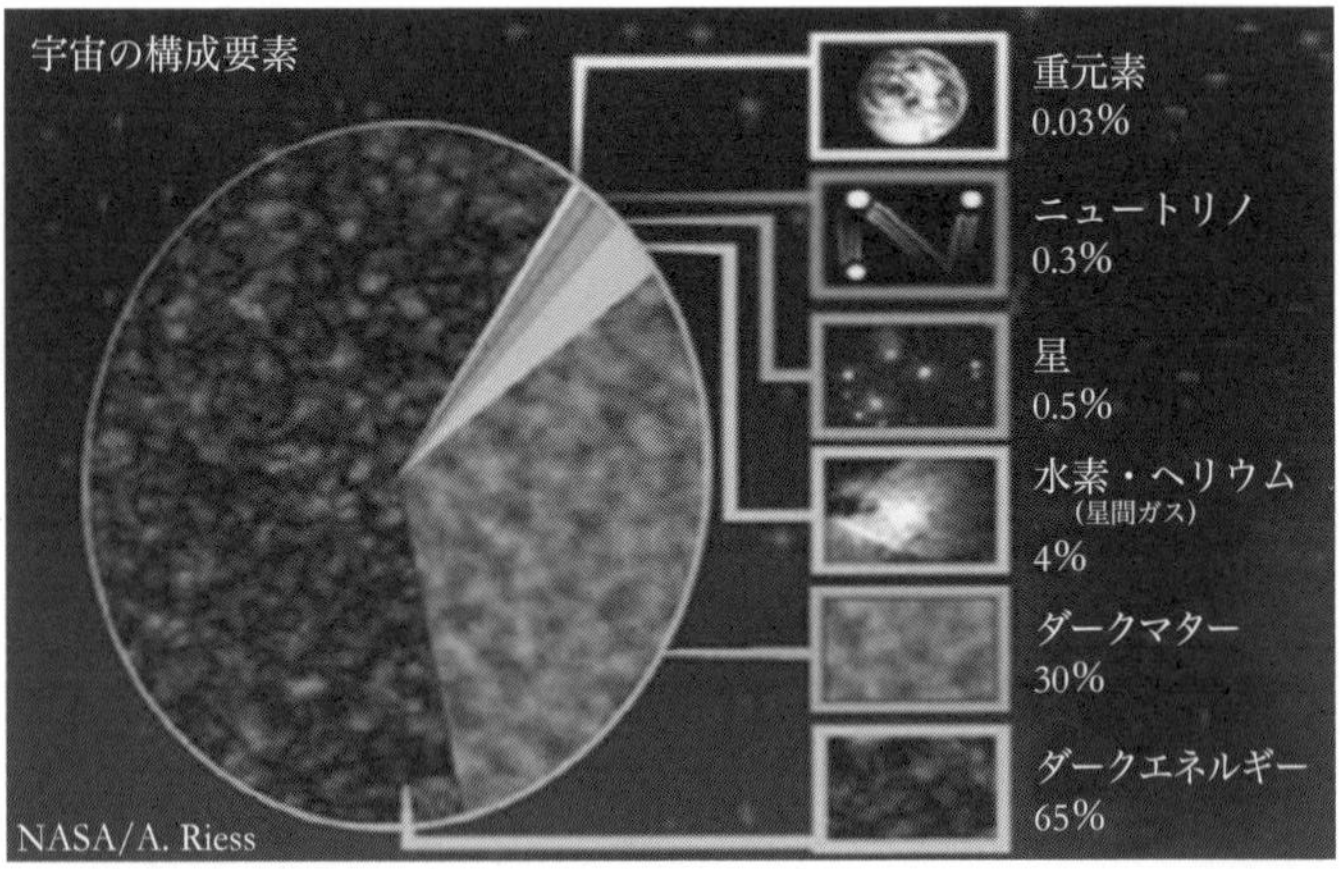

図6 ●宇宙の構成要素（NSF/NASA より）

に対して、ダークマターは約三〇％です。したがって、通常物質の約一〇倍近くは正体もわからない重力源で宇宙が構成されていることになります。

その上、最近はもっと理解しにくい「ダークエネルギー」とよばれている構成要素を考えなくてはならなくなっています。それは遠方の超新星の観測から、宇宙の膨脹がだんだん加速していっていることが確認されたからです。原因は、真空そのものがもつエネルギーらしいのです。

その割合は、宇宙の構成要素（宇宙が内蔵する全エネルギー）の六五％以上を占めているのです。何もない真空の空間がエネルギーをもつとはどういうことか、まだ物理学者も天文学者も本当のところは説明ができないで、頭を抱えているのです。

Q&A——5　ダークエネルギー

Q　ダークエネルギーという話が出てきたところで質問です。ダークマターについては、ニュートリノを含めてニュートリノ振動が見付かったことによって、全部ではないにしても、いくつかのダークマターの候補がその正体の一部を占めているかもしれない。一方ダークエネルギーというのは何か素粒子だと考えていいのですか。エネルギーという形でごまかされているような気がするのですけれども、何なのでしょう?

中村　これも常識を超える話でして、ダークエネルギーというのは「圧力が負の物質」です。その典型例は、アインシュタインが考え出した宇宙項です。アインシュタインは一九一六年に一般相対論を提案したのですが、ハッブルが、宇宙が膨脹しているというのを認識したのが一九二九年。アインシュタインはすぐに宇宙論を作ろうと思ったのだけれども、宇宙が膨脹していることを知らなかったので、静的な宇宙を作ろうとしました。彼が最初に出した方程式は宇宙項のパラメーターがゼロなのですが、それには静的な宇宙は含まれていません。今の膨脹宇宙だけです。そこで、静的な宇宙を生み出すために、無理やり宇宙項というのを導入したわけです。重力で引かれるのにもかかわらず静的であるために、反発力があるものを付け加えたわけです。その後、フリードマン宇宙モデルでハッブルの宇宙膨脹が自然に説明されて、アインシュタインは「宇宙項は人生最大の失敗だ」とか何とか、そのようなことをいっているのですが。最近それが、また本当らしいといわれ始めました。アインシュタインが考えた宇宙項かどうかは別として、宇宙項というのはある意味で反発力ですから、結局、宇宙の膨脹が今以上に加速される。実際に観測的には宇宙の膨脹は加速されているという事実から、逆に宇宙項のようなものがあると思っても良いわけです。

ところが、もっと一般的に考えていいのではないかという意見も出されました。宇宙項というのは一定なのですが、一定でないのも考えましょう。時間的に変化するものです。たとえば、特別なスカラー場。それなら、宇宙項という名前だけではいけないのではないかということになりました。われわれはそのとき、最初に「ダークマター」にちなんで、わからない物質だから「エックスマター」と名づけたのですが、それは残念ながら、はやらなくて「ダークエネルギー」という名前がひろまりました。この「ダーク」というのは、「暗い」ではなくて「わからない」という意味です。

柴田　ダークエネルギーという名称は、アメリカの研究者が言い出したのですか?

中村　はい。負けてしまいました。

柴田　本当は、まだよくわかっていない?

中村　もちろん今、最大のポイントは、時間的に変化するのか、しないのかです。今後の観測を待ってまず確認されるでしょう。時間的に一定なら、アインシュタインの宇宙項です。多分、彼は天国にいると思うのだけれども、あなたのあれは正しかったといってあげられます。そうでなければ、違う場がダークエネルギーです。これは今世紀最大の難問ですね。

Q　ではダークマターということばは、今は死語になりつつあるのですか?

中村　いや、ダークマターとダークエネルギーは、別です。ダークマターは、先ほど言われたようにニュートリノとか、超対称性理論で予想される粒子だとか、アキシオンとかいう粒子だとか、あるいはブラックホールかもしれないとか、諸説がありますが、こちらは圧力はゼロです。いっぽうダークエネルギーは、エネルギー密度と同じぐらいの負の圧力があります。常識を放棄してください。

図7 ●マウナケア山頂（国立天文台 提供）

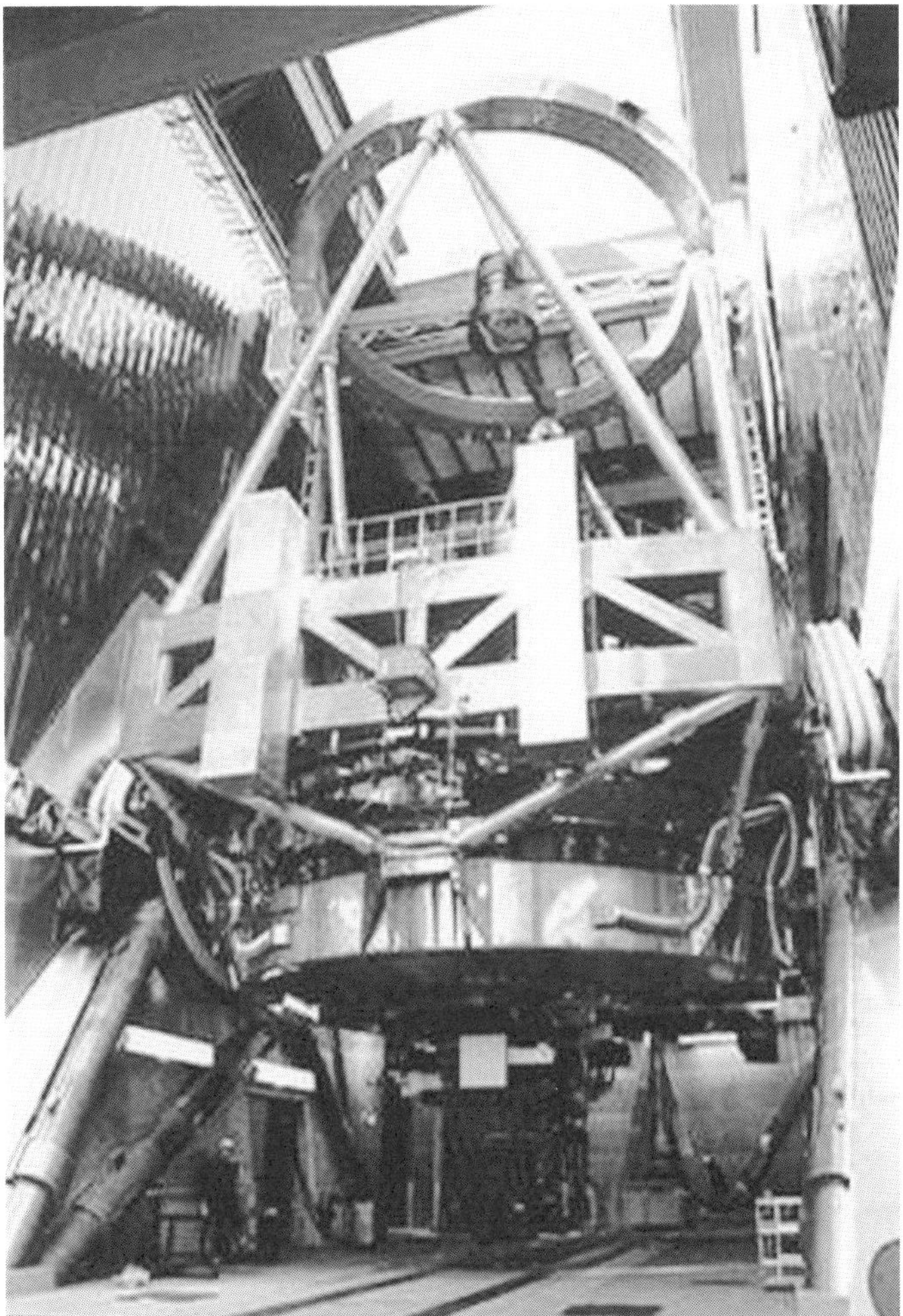

図8●すばる望遠鏡（国立天文台 提供）

（2）「すばる望遠鏡」で見えない謎に挑む

現在われわれは、地上の望遠鏡としては、光学性能として世界一を誇るすばる望遠鏡で、宇宙の始めの出来事の解明に糸口を見出してきています。図7は、ハワイ島のマウナケア山頂に並ぶ数々の望遠鏡施設です。

この図のように、山の上にはたくさんの観測施設が並んでいまして観測成果を競っているわけです。中央手前の少し角ばったドームが図8のすばる望遠鏡です。気流の流れの実験とシミュレーションをした結果、このようなドームの形にしましたが、マウナケアの山頂の望遠鏡ではもっともシャープな星像を得ることができるようになっています。

すばる望遠鏡の主鏡の直径は八・二メートルあります。望遠鏡の鏡筒にはもう一つの鏡、副鏡があって反射したあと、カセグレイン焦点とよばれる位置に観測装置に導かれます。ただし、副鏡を取り外して主焦点とよばれるところに観測装置を置く場合もあります。

すばる望遠鏡では、可視光よりも波長の長い電磁波である赤外線を観測して、できるだけ遠くまでみるということにも大きな重点を置いて観測を行なっています。

図9の画像は、電波天体として知られている遠方銀河の一つで、可視光では非常に暗い不思議な天体の一つです。赤方偏移の値は二・四くらいで、宇宙年齢が今の二五％ぐらいの時期に相当します。

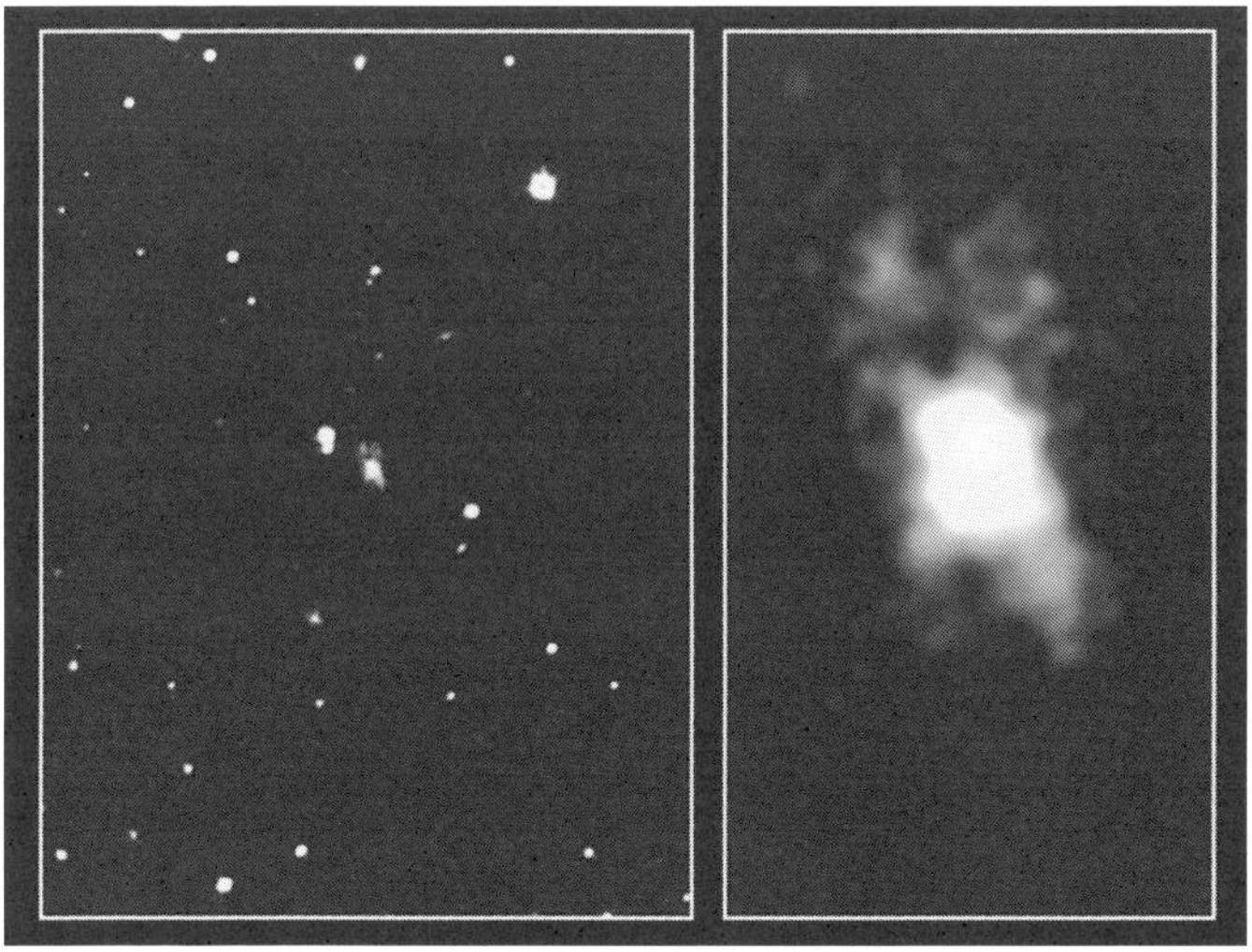

図 9●電波銀河 B3 0731+438（左：赤外線撮像器による画像，右：電波銀河の拡大図）（国立天文台 提供）

すばる望遠鏡はハワイ諸島最大の島ハワイ島のマウナケア山の山頂に設置されています。マウナケアは現地の言葉で「白い山」を意味する標高四二〇〇メートルの高山。「常夏のハワイ」にありながら冠雪するのです。気圧は平地の三分の二しかなく、地上の天候システムに影響されない高さにあるため、快晴の日が多く、乾燥しています。貿易風がハワイ諸島上空を吹いているため、雲が山頂まで上ってくることはまれです。近くに大きな都市もなく、天体観測をさまたげる人工的な光はほとんどありません。

これらの好条件を求めて、マウナケアには世界一一か国が運営する一三の望遠鏡が集まっており、それらの天文台がマウナケア観測所という名の国際研究施設を形成しています。すばる望遠鏡もその一員です。

すばる望遠鏡は、可視光から赤外線までの波長をさまざまな方法で観測することが可能になっています。

望遠鏡の役割は、まず何よりも多くの光を集めることにあります。ガリレオのつくった望遠鏡は、半径五センチメートル弱でしたが、それでも水星や金星の満ち欠けなどさまざまな天体を観測しました。

それに比してすばる望遠鏡は、単一鏡としては世界最大の口径八・二メートルをもち、天体からの微弱な光をも集めます。また、集めた光からシャープな天体のイメージを得ることも、望遠鏡の大事な能力です。すばる望遠鏡には、高い解像度を実現するためのさまざまな工夫が施されており、解像力の高さは、世界の大型望遠鏡の中でもとくに高く評価されています。

もともとは可視光で光をだしているのですが、赤方偏移の効果のために、大部分の光が赤外線で観測されているのです。われわれも赤外線で撮像し、さらに電離ガス成分のスペクトル線画像を撮ることに成功しました。

(3) 遠くを見ることは「むかし」を観ること

我々の観測した図9の天体を拡大してみますと(右)、非常に明るい点(光源に近い中心成分)と、そのまわりにぼうっと広がりをもち、上下に円錐状に拡がっている奇妙な構造があることがわかりました。

この成分は主に電離した水素ガスの輝線(Hα)成分が非常に強い領域です。この天体は、「赤ちゃんクェーサー」といいますか、生まれたてのクェーサーであろうということがわかってきました。クェーサーという天体は、その中心に巨大ブラックホールがあると考えられています。そこにガスなどが落ち込むことによって重力エネルギーを解放して、銀河全体のエネルギーよりもずっと強い電磁放射エネルギーを出しているのです。

ふつうのクェーサーは主に可視光で見えるのですが、宇宙の始めにいけばいくほど、より原始的なクェーサー天体が見つかります。このような若いクェーサーの卵のような天体は赤外線でないと見えないのです。

つまり、宇宙を見る場合、遠くを見れば見るほどそれは昔を観るということであり、そのとき可視光より赤外線で観るほうがずっと昔にさかのぼれるということなのです。

4 宇宙の始めと終わり

「赤外線で探る宇宙の始め」という話にもどります。結局、現代の天文学のテーマは宇宙初期に星がどのようにして生まれたのか、銀河のような複雑な構造がいつ発生し、その中で第二、第三世代の星がどのようにして生まれたかということの研究です。

このようなまだ原始的な状況の宇宙で起こったであろう物理的な現象を実証的に研究し解明するためには、やはりより大きな望遠鏡や観測装置、とくに赤外線の観測がますます重要になってくるのです。

(1) 宇宙年齢が現在の半分以下の時代を探る

図10は、ハッブル望遠鏡の画像です。一九九五年と二〇〇二年に同じ場所が撮像されていたのですが、たまたま遠方の銀河に発生した超新星が写されていました。右の写真で超新星(SN 2002dd)が大

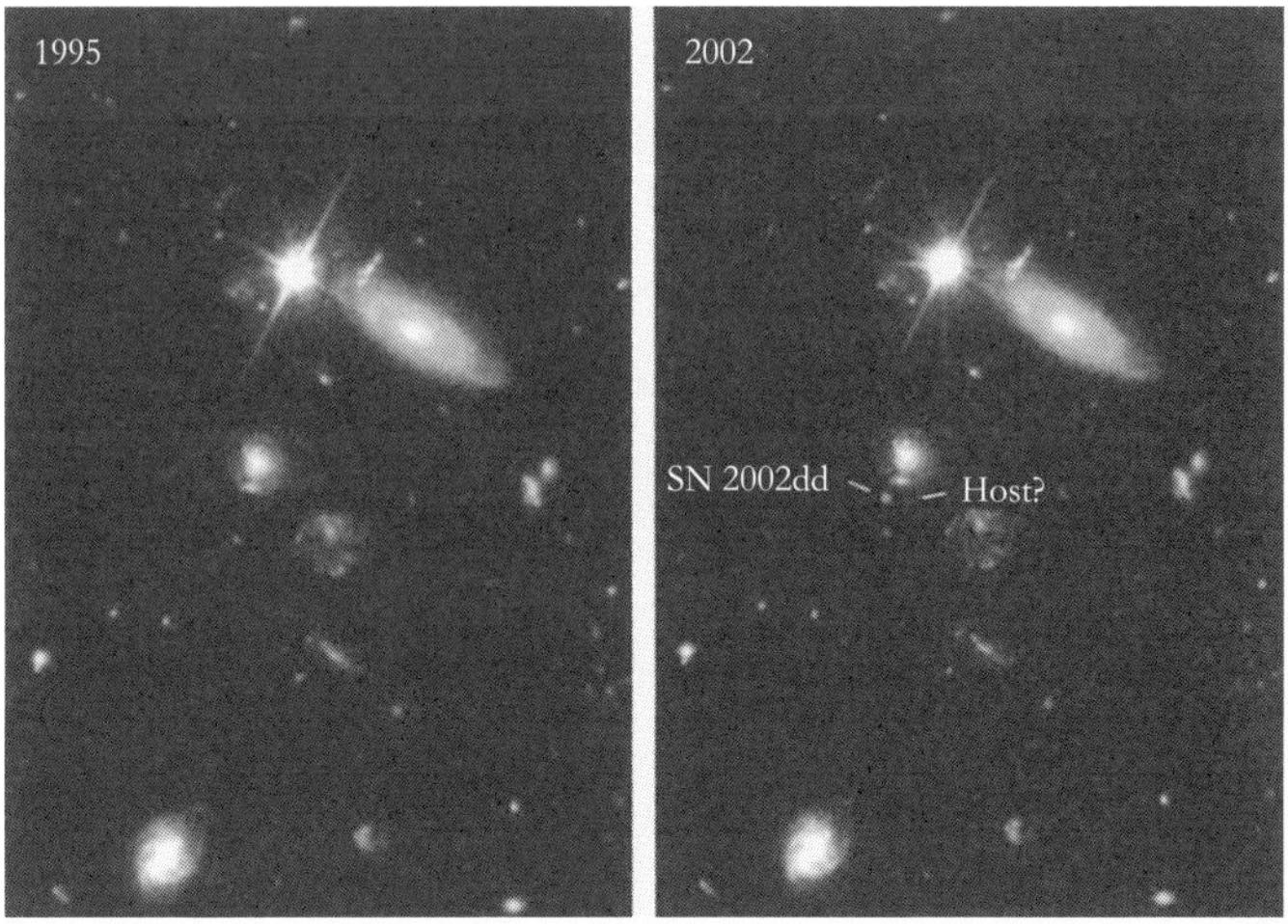

図10 ●遠方の超新星（左：1995 年の画像，右：2002 年の画像）（NASA 提供）

きく明るくみえていますが、すぐ近くにはＨＯＳＴと書かれた母銀河らしきものも薄く写っています。

この超新星は、宇宙年齢が現在の半分以下の時代で、それほど宇宙の初期ではないのですが、赤方偏移の効果はかなりあるようです。もっと宇宙の始めに重い星がバンバンできたときには、初代の星がすぐに進化を終えて、たくさんの超新星が発生したことでしょう。

超新星のなかでも、特別に明るい超新星はハイパー超新星とよばれることがあります。そのような超新星はガンマ線をたくさんだす場合があるようです。宇宙の初期の時代には、そのようなガンマ線を強くだす天体がかなり多く存在する可能性があるというのは、大変興味深いことです。

二〇〇三年一二月ごろに、赤方偏移 z の値が一〇ぐらいのガンマ線の天体が発見されたようだというニュースがありました。このようなニュースのなかには確証が十分でないので、注意が必要ですが、もしそうだとすると、いよいよ宇宙の研究も赤方偏移 z の値が一〇を超える時代に突入することになります。

ではもし、赤方偏移 z の値が一〇とか一五とかのあたりではじめて、星や銀河、さらにはクェーサーのもとである巨大ブラックホールなどのような天体ができたとすると、どうやって観測すればよいでしょうか。

ちなみに、先ほどのＷＭＡＰ衛星の観測結果は、宇宙の始めの第一世代の星は、赤方偏移 z の値が「一七」前後で生まれたことを示唆しています。

しかし、今のところは、もっとも赤方偏移が大きい銀河は赤方偏移 z が七くらいです。それだと何とか可視光でも観測できるのですけれども、それ以上になると、赤外線でないと観測できなくなるのです。

宇宙の初代の星や、そのような星の進化の産物であるガンマ線バースト天体、ハイパー超新星などを観るためには、どんな望遠鏡が必要になるのでしょうか。

いま開発が行なわれつつある三〇メートルクラスの望遠鏡や、大型の宇宙望遠鏡は、その期待にこたえるために欠かせないものになるでしょう。さらには、これらによって初代のクェーサーなどを直接に観ることができるのではないでしょうか。

(2) 宇宙の将来のすがた

さて、宇宙の将来がどうなっていくのかも、みなさん興味のあるところでしょう。そうした研究も最近は結構進んでいます。

重たい星は最後に超新星爆発を起こして、中心にはブラックホールが残るか、超高密度の星（中性子星）になります。あまり重くない星は、進化の最終段階でガスを噴き出して、白色矮星《わいせい》になるのですが、最終的にはエネルギーを出さない冷たい物体になっていきます（第1章二五ページ図10）。

膨張する宇宙に残された冷たい物体やブラックホールなどは、時間とともに一体どういう運命をたどるのでしょうか。

素粒子の理論によると、物質の基本構成要素である原子核のなかの陽子も、いずれは崩壊して電子やニュートリノ、光子などになってしまうと予想しています。ということは、冷たくなっていった星はいずれ消滅して、電子やニュートリノになってしまいます。そうなると、宇宙に残る天体は、超新星爆発のあとに残るブラックホールや、銀河中心部の巨大ブラックホールだけになります。

イギリスのホーキングの理論によると、そのブラックホールも、時間をかけて蒸発していくのです。つまり、十分時間がたてばどんなブラックホールも、いつかは蒸発してなくなってしまうということになります。

計算上は、一〇の一〇〇乗年ぐらいの時間の経過の後には巨大ブラックホールもなくなっていきます。それでも宇宙は限りなく真空に近い状態になっていって存続を続けるでしょう。しかし、宇宙はそれでおしまいではなく、宇宙はもう一度超高密度の火の玉の状態にもどる「ゼロでない確率」をもっていると考える人もいます。もしかすると、ダークエネルギー、すなわち真空のエネルギー状態の遷移がきっかけなのかも知れません。

5 まとめ

宇宙の始めから遠い未来のことまで、赤外線の観測の方法との関連をみてお話ししましたが、まとめとして、宇宙のなかの生命とか知的生物進化について、これから近い将来の観測手段となるいくつかの計画の紹介をしておきます。

宇宙は常に、それまで存在していなかったものをつくりだしてきたのです。素粒子すら、ビッグバン直後にはまだなかったのです。宇宙の温度が下がっていってやっとできてきました。

初代の星が生まれるころの宇宙には、水素とヘリウムだけしかありませんでした。それから何億年、何十億年の間に何度も星が生まれては死んでをくり返す進化のプロセスで、宇宙には重い元素がだんだん合成されていきました（第1章Q＆A　1・二七ページ）。

そしてしだいに生命体をつくるのに必要な炭素・窒素・酸素・カルシウムができてきました。しかしもっとも不思議なのは、たまたま重い星が超新星爆発を起こして、ふき飛ばされていくガスの中でできる鉄よりも原子番号の大きな元素、亜鉛や銅やマンガンなどが、生物の新陳代謝のような本質的に重要なはたらきをする元素であるということです。したがってもしも、超新星の爆発がなければ生命は生まれ得なかったのです。

宇宙の観測の最先端はこれからまだまだ先にのびていくでしょう。たとえば地上の大型望遠鏡は、現在三〇メートルクラスのものを設計製作する段階に入りつつあります。

図11はその一例でアメリカのCELT望遠鏡のモデルです。二〇一〇年代の早い時期には完成にこぎつけたいということで開発的研究が行なわれています。

また、NASAはハッブル望遠鏡の後継機として、JWSTと名づけられた宇宙望遠鏡を開発しています。主に波長三マイクロメートル以上の赤外線の観測に重点を置いています（図12の左）。日本の宇宙開発機構でも、遠赤外線波長に重点を置いた赤外線望遠鏡計画（SPICAと略称）が提案され、二〇一〇年代の中頃までの打ち上げを目指して検討が行なわれています（図12の右）。

このように地上や宇宙からの赤外線を、従来に比べて飛躍的に高い感度で観測できるようになり、また、それにX線や電波の高性能の観測装置による宇宙観測計画が実現しますと、これまで思いもよらなかった発見がなされることが期待できます。これまで未解明の天体のルーツ、元素のルーツ、そして生命のルーツについても明らかになっていくと思います。

図11 ● CELT 望遠鏡（TMT Home Page より：http: //tmt.ucolick.org）

図12●宇宙赤外線望遠鏡（左：NASA，右：JAXA 提供）

Q&A――6 ビッグバン

6-1 ビッグバンと宇宙の中心

Q 宇宙の中心というのは考えられないということを本で読んだのですけれども、ビッグバンの特異点は、中心ではないのですか？

小山 今の宇宙のどこが中心で、ビッグバンの中心がここだということはないですね。

柴田 地球の表面のようなものなのです。われわれは地球の表面の中心にいるかといったら、それは表面はどこへ行っても同じ、平等ですのでどこが中心というのはないですよね。むしろ、多分われわれも宇宙の中では地球の表面のようにどこに行っても中心と思えるかもしれません。

小山 中村さん何かコメントは？

中村 日常の感覚を超越しないと理解しがたいですね。常識は忘れてください。

小山 三次元空間は二次元空間の生物には理解しにくい。宇宙は四次元空間ですから、三次元になれたわれわれには理解しにくいのですかね。

6-2 ビッグバン説はもはや定説？

Q　宇宙の始まりについて、ビッグバンがあって、非常に短い期間でクォークができて、それから原子ができというような流れで説明されています。しかし、常識で考えたら、宇宙にすごく多く恒星がある中で、ビッグバン説でいわれるような、一点から爆発したということは考えにくいのです。わたしが小さいときに、宇宙は拡大したり縮小したりしていると教えられていたのですが、宇宙物理学者の方は、やはり全員がそのようなビッグバンから宇宙が始まったというように思われているのでしょうか、また違う考え方もあるのでしょうか？

中村　宇宙が膨張しているということは感覚的にはわかりにくいですが、ハッブルが観測であきらかにしました。現在から時間を逆に遡ると昔の宇宙は小さくなります。小さくなると温度は高くなります、つまり宇宙初期は超高温状態だったわけです。その証拠として背景放射があるのです。いまの宇宙は絶対温度約三度です。ここでもう一つ理論が入るのです。アインシュタインによる一般相対性理論を信じると、宇宙は初期のゼロの時間に必ず特異性から出発したと考えられます。多くの宇宙物理学者はそれを今信じています。宇宙は特異性から出発しなければいけないとなると、重力の量子効果を調べなければいけないということに研究が進んでいるのです。いまのところ重力の量子効果を記述する理論はできていないので、まったく未知としかいえません。でも、世界の趨勢としては、ほとんどの人は宇宙は特異なところから膨張したと信じています。

6-3　ビッグバンのとき物質は「無」？

Q　科学者にこのようなことを聞くと、ちょっと答えようがないかもしれませんけれども、今日の話で、ビッグバンから現在までの宇宙年齢は一三〇億年という話でしたね。最初は物質も存在しないエネルギーだけの状態、いわば無からという話をされましたね。この無の考え方。そしてエネルギーが出た。無からエネルギー、この無の考え方を科学者の皆さんはどのようにとらえて、無からエネルギーと、丸っきり宗教者が言うようなことをおっしゃる。この無というのを、どのように考えたらいいのでしょうか？

舞原　「無」という言い方は実は正しくなくて、素粒子あるいは原子核・原子という物質になる状態以前の状態で、クオークすら存在していなかった、ということです。そのときは、一体どのような状態なのかというのかというと、物質はないのだけれども高密度にエネルギーが詰め込まれていたのです。その意味で、「無」である。という言い方をしたので、ちょっと誤解されたかもしれません。

Q　先ほど、すごく密度の高い物質の話がありまして、角砂糖ぐらいのところに、何百億トンの質量が込められているという話がありましたが、ビッグバンの最初のときは、質点のような全然体積も面積もない点から、物質ができていくといわれるのですが、そうなると、陽子と電子の間隙とプラズマ状態の物の間隙はどうなるのでしょうか？

中村　特異性というのは、古典重力理論でやったら特異性になるわけで、実際は量子重力理論では違うはずなのです。だから、われわれが扱うのは特異性から時間が少し経ったところ以降であって、そこだと、最初は光子の固まりです。その中から陽子と反陽子がペアでできるのですが、片方の陽子だけが選択されます。多分、そのようなプロセスになると考えられていますのです。だから、一点だと考えていること自体がすでに古典論なのです。実際は、量子力学が必要なのです。あんまり言いたくないのですが、実は、われわれの時空は四次元ではなくて五次元ではないかというのを、マッドなサイエンティストではなくて、われわれ科学者が最近まじめに検討しているのです。

Q　それは素粒子論？

中村　宇宙論も。だから、次元すらが、違うかもしれない。まさに、次元の違う話です。

第3章 重力波天文学——三つのノーベル物理学賞をめぐって——

中村卓史

1 電波パルサーの発見——一九七四年度ノーベル物理学賞——

「重力波天文学」について、「三つのノーベル物理学賞をめぐって」ということで、歴史的なことを含めてみていきます。最初は、電波パルサーの発見です。一九七四年のノーベル物理学賞の対象となりました。

(1) 宇宙から電波パルスがやってきた!!

この「事件」は日付がわかっておりまして、一九六七年一一月二八日にケンブリッジ大学の大学院生でジョスリン・ベルさんという女性が、指導教授に与えられた電波のシンチレーション効果を調べるという研究をしていました。そのときに、突然、宇宙のある方向から非常に規則的な電波がやってくることを見つけました。周期が一・三三七三〇一一秒という非常に規則正しい電波パルスです。

のちにこの現象は「電波パルサー」とベルさんによって命名されました。パルサー（pulsar）というのは、そのような名前の車もありますが、パルセーティング・ラジオ・ソース（Pulsating Radio Source）のことです。どのように規則的に正しいのかを説明するために、図1をみてください。横軸が時間、縦軸が電波の強度になっています。

強度はパタパタしているので規則的でないようにみえますが、時間の間隔が非常に正確です。実は、この図はベルさんが最初にみたものではなくて、ベルさんが最初にみたのと同じ電波パルサーを二八年後にみたら、もちろんやはりこの図1のようであったというのです。観測装置の精度が上がっているので、ベルさんが最初に観測したものより非常にきれいです。

それで、「これは何なのか？」ということになりました。最初は、ほぼ冗談交じりに宇宙人からの通信だと考えました。宇宙人も名前があってリトル・グリーンマン。小さな緑の人間。宇宙人といったら、そのような絵がでてきたりします。「そいつからの通信かもしれない」という冗談をいい合っていたのですが、それは違うということになりました。

なぜ違うのかというと、宇宙のこちら側からも、あちら側からも、似たような信号がやってきたか

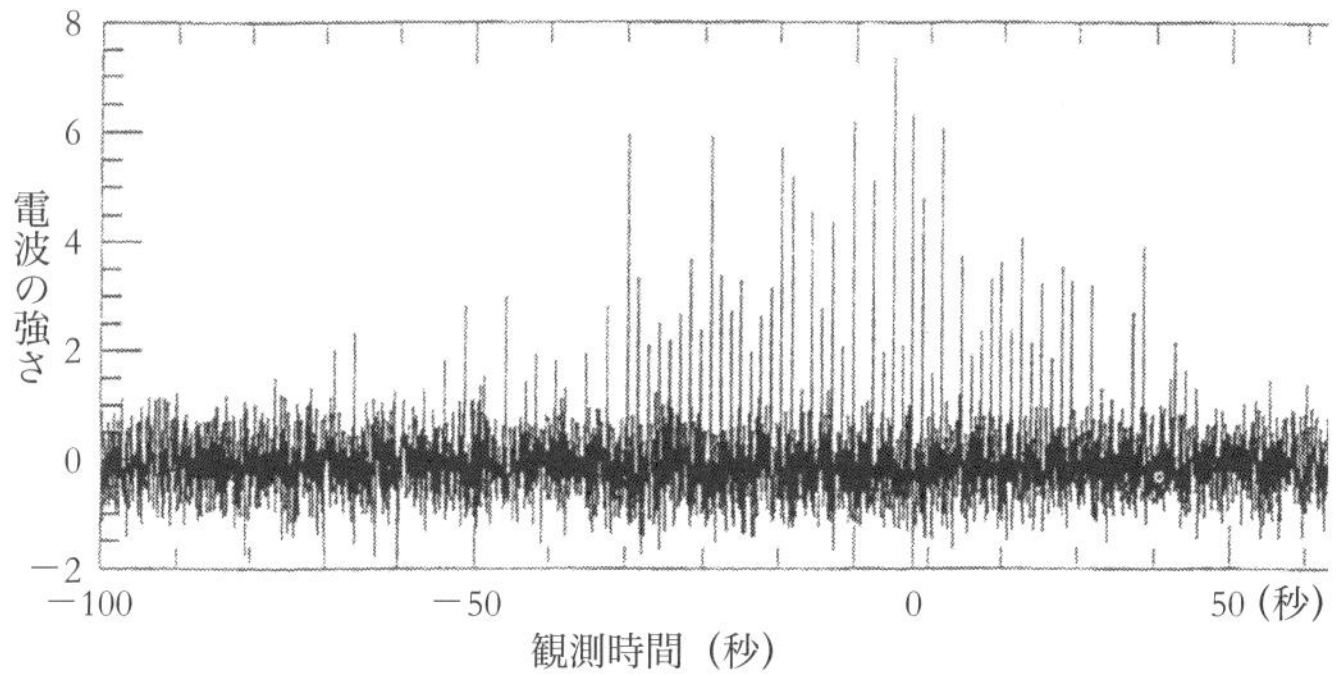

図1●ベルが最初にみたパルサーを 28 年後に観測したもの．パルスの高さは，変化するが，その間隔が 1.3373011 秒という正確さを持っている．

らです。こちら側の宇宙人と、あちら側の宇宙人が相談して、地球に電波を送ってくるはずがありません。三つも四つも見つかるとさらにおかしいということになって、実は天体現象ではないかということになりました。

現在は、おおよそ一〇〇〇個以上の電波パルサーが発見されています。周期の長いものは四秒、もっとも短いものは一・五六ミリ秒で非常に速いものです。

周期のもっとも短いものは、一秒間に六〇〇回です。わたしたちの身近にある物質でも一秒間に六〇〇回転させるというのは、たいへんなことです。とにかく、このきれいな周期は何なのでしょうか？

昔、われわれは地球の回転を時計として使っていました。今では時計としては使いませんが、いろいろな議論から、周期が非常にきれいだというのは、未知の天体の自転であろうという結論になりました。

一秒間に六〇〇回転もするような天体というのは、何なのでしょうか？

みなさんもご存じのように、回転している物体には遠心力というものがはたらきます。一秒間に六〇〇回転もすると、遠心力が非常に大きくなります。そうすると、やわらかいものでは天体がバラバラになってしまいます。ところが、ちゃんと規則的に電波パルスをだしているということは、天体はその形をちゃんと保っているということです。

高速で回転するこの天体は遠心力を上回る強い重力で、そのかたちを保っているということになります。そして、強い重力が発生するということは、自動的に高密度だということを意味します。

重力が遠心力以上であるとすると、一秒間に六〇〇回転するという条件だけで、密度は一立方センチメートルあたり五七〇〇万トン以上ということになります。

第1章で、「中性子星の重さは角砂糖一個程度の大きさあたり一〇億トンぐらい」とありましたが（第1章三四ページ）、とにかく、この関係だけから五七〇〇万トン以上となります。非常な高密度の物質であるということがわかります。

これはいったい何なのかというと、実は一九三〇年代に理論家が予言しています。中性子星はすでに予言されていたのです。彼らは、一般相対性理論にもとづいて中性子星の構造を解いたのですが、それによると半径は一〇キロメートル程度、質量は太陽質量程度です。

また、なぜ中性子星という名前なのかといいますと、非常に密度が高いからです。ふつう、物質のなかの原子核中には陽子というのがあります。プラスの電荷をもっています。それから、原子中にはもちろん電子があります。電子は負の電荷をもっていて、陽子の電荷と大きさは同じです。ところが、このように密度が高いと、陽子と電子はしょっちゅうぶつかることになります。ぶつかったら、電気的に中性の中性子になります。つまり、このような星は、中性子の多い中性子星になるというわけです。

（2）電波パルサーの正体は中性子星

では、電波パルサーはどのような構造になっているかというと、現在このように理解されています。中性子星では、磁場の軸は図のようになっています（図2）。自転軸の矢印の向きに自転しています。磁場の方向へ電波がでたときだけにパルスがみえます。それが先ほどのようにパタパタしているやつの正体だというような理解です。自転している中性子星で、磁場の向きが自転軸と異なると、磁場の軸の方向に電波ビームが放出されると考えられています。それがちょうど灯台のライトのように、ある方向からみると規則正しいパルス状の電波として観測されることになるのです。

これは大発見です。いろいろ面白いのですが、まず大学院生（ベル）が偶然、世紀の大発見をしたのです。それから、一九七四年にベルの先生がノーベル賞をもらいました。ベル自身は、ノーベル賞はどういうわけかもらわなかったのですが、その後数々の賞をもらいました。

このようにして、電波パルサーという、ベルさんが偶然見つけたものは実は自転している中性子星だということがわかりました。中性子星の存在と、さらに中性子星が回転していることがはっきりとわかりました。これは探そうとして見つけたものではなく、偶然に見つかったのです。

もう一つ注目すべきことは、理論家が三〇年以上前に「中性子星というのはあってよろしい。理論的に存在可能である」と予言していたことです。それが正しかったのです。理論はすぐに検証される

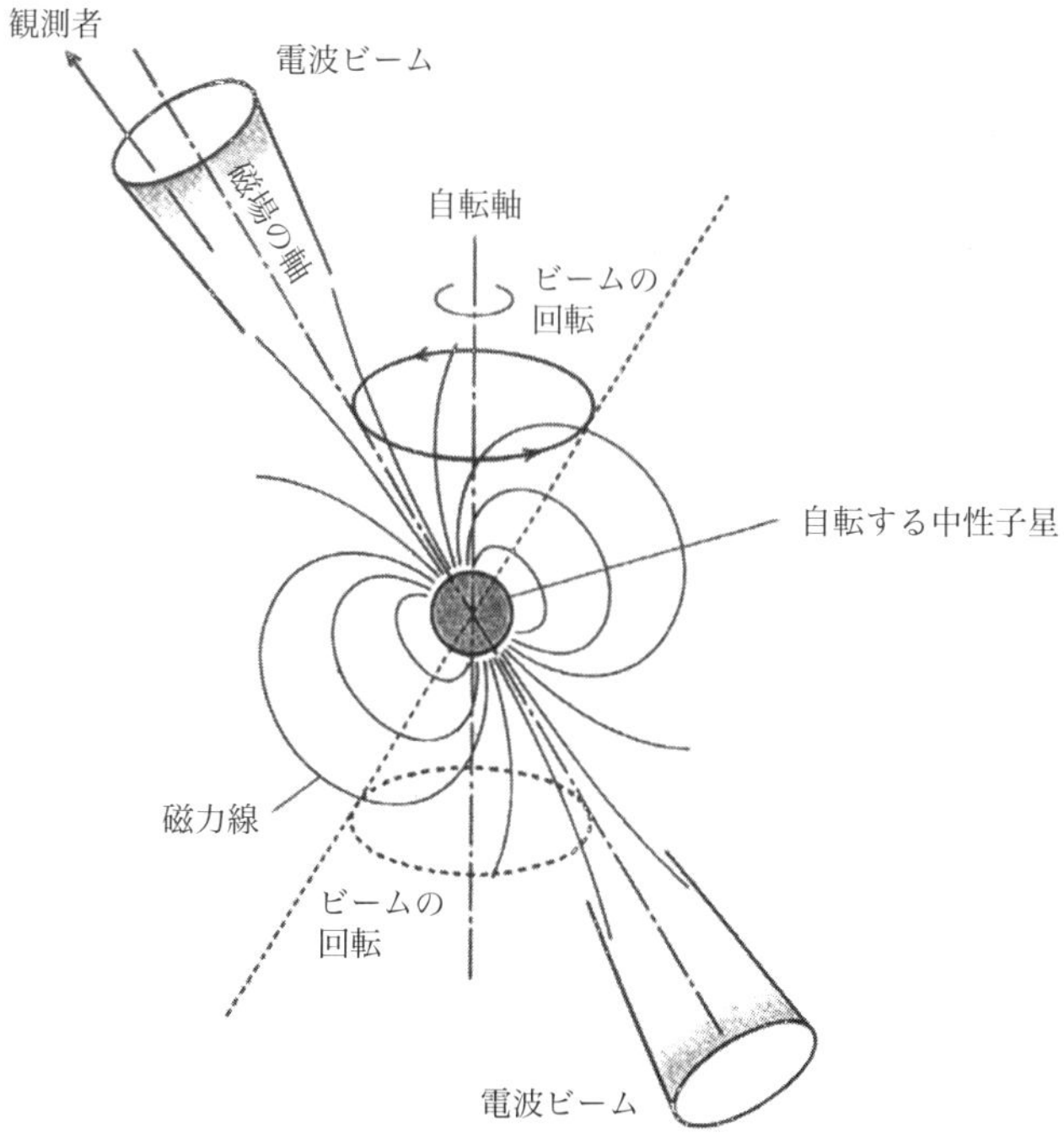

図2●電波パルサーのモデル
自転している中性子星で，磁場の軸の向きが自転軸と異なると，磁場の軸の方向に電波ビームが放出されると考えられています．

とは限りません。この場合も検証されるまでに三〇年以上たっています。もちろん、永久に検証されない理論、だめな理論もあるわけですが、いい理論でも検証されるまでに三〇年以上かかることがあるのです。

それからもう一つ、自然はわれわれの想像をこえているという点にも注目していただきたいものです。理論家は中性子星というのは存在してもいいとはいったけれども、それが電波パルスをだすという予言はしていませんでした。まったく意外な方法で確認されたのです。

(3) 一般相対性理論の検証

中性子星のような高密度星では、ニュートン力学ではまったく不十分です。アインシュタインによる一般相対性理論が必要です。

一般相対性理論の基礎方程式である、アインシュタイン方程式が何かというのは説明しません。何か難しい式だということです。

このアインシュタイン方程式や一般相対性理論を多くの学者は正しいと信じています。

アインシュタインは弱い重力の極限における、一般相対論特有の効果を、左記のように予言しました。

(1) 太陽表面近くを通る光は、一・七五秒角曲がる

(2) 水星の近日点が一〇〇年に角度で四三秒移動する
(3) レーダーエコーの時間が遅れる

その結果、一般相対性理論は〇・一%の誤差のレベルで正しいことが確認されています。しかし、中性子星や、第1章・第2章でもさかんにでてきているブラックホールのまわりの時空構造が一般相対性理論の予言どおりであるかどうかというのは、いまだ確認されていません。第1章・第2章でも話題にしたように、ブラックホールの存在は確認されているのですが、そのまわりの時空構造が一般相対性理論の予言どおりになっているのかどうかというのは、まだ確認されていません。

2 連星パルサーPSR1913+16——一九九三年度ノーベル物理学賞——

次に、二番目にノーベル物理学賞を獲得した研究の話に移りましょう。連星パルサーPSR1913+16の話です。1913とはこの連星パルサーが位置する赤経、16は赤緯を示しています。赤経・赤緯とは天球上の座標のことで、地球上の位置を示すのに東経・北緯を使うように、天球上の東経一九時一三分、北緯一六度というような意味です。この特別なパルサーが大問題です。

(1)連星パルサーの発見

電波パルサーの発見で一九七四年にベルの先生がノーベル物理学賞をもらったころにどのぐらいの電波パルサーが見つかっていたかといいますと、おおよそ一〇〇個でした。その電波パルサーは、磁場の軸がグルグル回っているものですからエネルギーを消費します。

エネルギーを電波として放出していると、自転周期は長くなります。自転のエネルギーが電波パルサーのエネルギー源なので、しだいにゆっくりと自転するようになるのです。

マサチューセッツ大学のテイラー教授と大学院生ハルスは、アレシボにある世界最大の電波望遠鏡を使って(図3)、どのような電波パルサーがあって、どのような具合になっているのかというのを一生懸命に研究していました。

アレシボの電波望遠鏡は、天然の地形を利用した、おわん型の電波望遠鏡で、直径が三〇〇メートルの固定式です。原理的に、真上だけでなくちょっと離れたところまでみられるので望遠鏡として役に立つそうです。

一九七四年七月二日、七月一二日、八月二五日、九月一日、九月二日に観測して、非常に奇妙なパルサーを発見しました。

図3●アレシボにある世界最大の電波望遠鏡
アレシボ（プエルトリコ）の300メートル固定球面鏡．おわん型の自然の地形を利用してつくられた，世界最大の電波望遠鏡．

パルサーというのは、自転エネルギーを電波で放出しているためエネルギーを失っており、自転周期は必ずしだいに長くなるはずです。にもかかわらず、この問題のパルサーは自転周期が長くなったり短くなったりするのです。

自転周期が短くなるということは、速く回るようになるということです。何かどこかからエネルギーをもらっているから速くなるのか、それとも単なる観測装置の故障なのか？　いろいろ検討したのですが、観測装置のどこにも故障はありませんでした。これは何だということになって、答えは連星であることになりました（図４）。

それまで見つかっていた電波パルサーは単独に一個だけで存在するものばかりでした。ところが、これは相手があります。そうすると、連星運動をします。そうすると、図４のどちらか一方をパルサーとすると、われわれから遠ざかるときもあれば、近づくときもあります。パルサーというのは周期的に変動します。その周期の逆数をとると振動数になります。だから、何か振動しているようなものです。

救急車が走ってきてサイレンをピーポーピーポーと鳴らしてわれわれのほうに近づいてくるときには、サイレンの音は上がります。ところが、救急車がわれわれの前を通過した途端に音が下がります。つまり振動数が下がります。こうしたことは日常経験することです。

われわれに向かってくるときにはパルスの周期が短くなる、つまり振動数が上がったようになりま

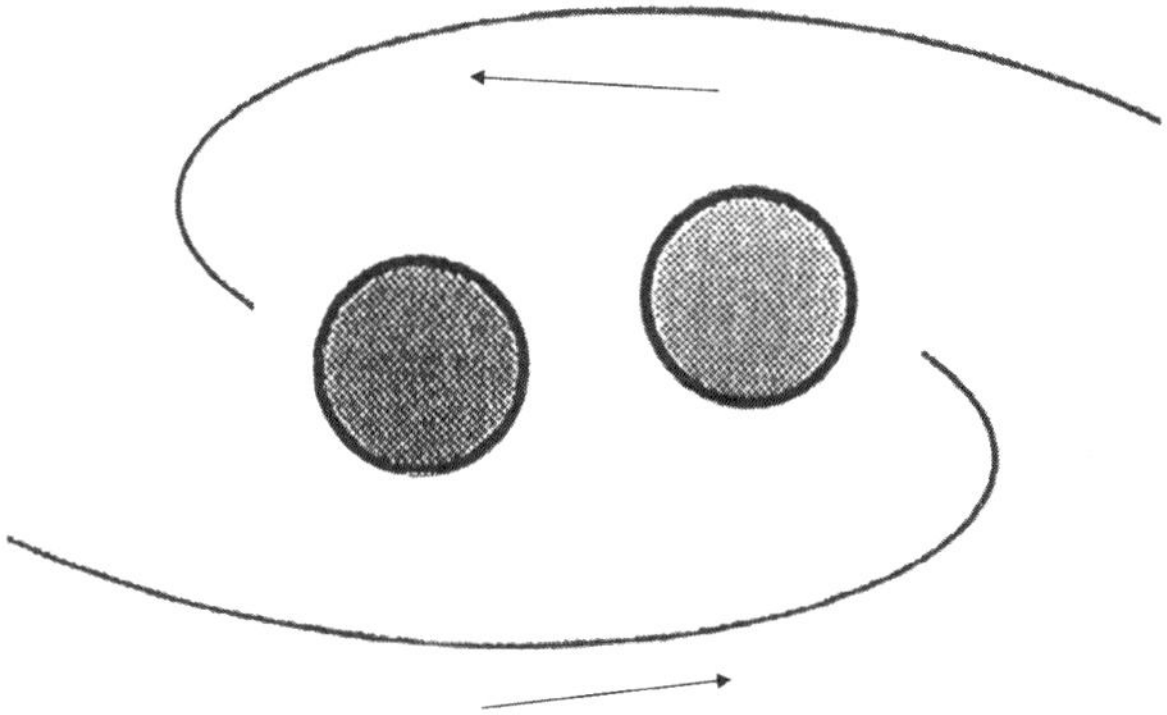

図4 ●周期が短くなったり長くなったりするパルサーの正体は連星

す。われわれから遠ざかるときには、パルスの周期は長くなります。この性質を使えば連星のふるまいに説明がつくのではないか。このような連星のデータをどう解析するかというのは、実は光学天文学でよく知られていました。

その結果、この連星のことがまずおおよそわかりました。軌道の半径はおおよそ七〇万キロメートルぐらい。これはほぼ太陽の半径ぐらいです。公転周期は八時間。それから軌道は、楕円で離心率が〇・六でした。

「これはすごい!」ということになりました。なぜすごいか? 電波パルサー自体もすごいのですが、この連星パルサーというのはもっとすごい。まず、電波パルサーは非常に正確な時計だからです。現在、レコードホルダーはPSR1937+21のパルス周期なのですが、その周期は一・五五七八〇六四八一九七九四ミリ秒で一五桁の精度があります。この精度は原子時計と比較できるくらいで、もうすぐ原子時計を追い抜くはずです。一番正確な時計は今や、この天体を観測しなさいとなります。天体の自転が正確な時計になるというのは、元々地球がそのように使われていたのですから、何の不思議もないことです。

(2) 自然が与えてくれた一般相対性理論の実験場

しかし、ポイントは七〇万キロメートルという距離です。ほぼ太陽の半径の間隔で二つの中性子星

表1 約15年間のPSR1913＋16からの電波パルスの到着時間のデータ解析から得られたパラメーター

α	$19^h15^m28^s.00018$ (15)
δ	$16°06'27''.4043$ (3)
$\mu\alpha$ (10^{-3} arcsec yr^{-1})	-3.2 ± 1.8
$\mu\delta$ (10^{-3} arcsec yr^{-1})	1.2 ± 2.0
ν (s^{-1})	16.940539303295 (2)
$\dot{\nu}$ (10^{-15} s^{-2})	-2.47583 (2)
$\ddot{\nu}$ (10^{-27} s^{-3})	< 6

e	=	0.6171308 (6)
$\dot{\omega}$	=	4.226621 (6) deg yr^{-1}
γ	=	4.295 (2) ms
P_b	=	27906.9807804 (6) s
$\dot{P}_b$	=	-2.425 (2) 10^{-12} ss^{-1}

が存在していて、その質量がそれぞれ太陽質量と同じぐらいで、これが互いにグルグルと回っている。これは、自然が与えてくれた一般相対性理論の実験場です。

先ほど太陽の縁を通る光が一・七五秒角曲がるという話をしましたが、ちょうど太陽の縁ぐらいの重力がはたらいている場所に、電波パルサーという非常に正確な時計を置いたようなものですから、いろいろなことがチェックできます。それで、テイラーは約一五年間という時間をかけてデータを収集しました。

PSR1913+16からの電波パルサーの到着時間を記録し、あらゆる解析をした結果が表1です。

たとえば、α（赤経）とδ（赤緯）というのは位置に対する精度です。μは固有運動です。それから、νというのはパルスの振動数で、$\dot{\nu}$というのはパルスの振動数変化率です。それぞれ、非常に高い精度で決定できました。eは離心率です。この値は楕円であることを示します。このeがゼロだと真ん丸です。

$\dot{\omega}$というのは、一〇五ページの近日点移動にあたるものです。水星の場合一世紀に角度で四三秒、近日点移動があります。ところが、連星パルサーは水星軌道よりも近い、太陽の表面あたりに連星があるようなものですから、実に一年間に四度も動く。重力による赤方偏移の効果もはかれます。

それからP_bは連星の公転周期です。公転周期は秒を単位にして一〇〇〇万分の一秒ぐらいまで正確にはかれます。もう一つ大発見がありまして、連星の公転周期が短くなっていたのです。$\dot{P}_b$がマイナスであるのは短くなることを示しています。

まず、これらのデータをもとにして一般相対性理論を使って計算すると、両中性子星の質量が正確にでてきました。パルサーのほうが一・四四倍の太陽質量、相手（伴星）が一・三八倍の太陽質量です。中性子星の質量を測るというのは非常に困難だったのですが、はじめて正確に決まった中性子星の質量となりました。確かに一・四四倍の太陽質量であって、一九三〇年代の理論家が予言していたことが、基本的にやはり正しい、間違いないとわかりました。

(3) 重力波存在の間接的な証明

それから、今いった大発見「連星の公転周期が短くなっていた」という点についてですが、公転周期は一年間に直しますと、七六・九四マイクロ秒短くなっています。これは何を意味するのでしょうか。重力波の存在の間接的な証明だといわれています。

公転周期が短くなっているということは何を意味するのでしょうか。惑星運動に対するケプラーの法則（第三法則）というのがあります。「惑星の公転周期の二乗が、楕円軌道の長半径の三乗に比例する」というものです。公転周期が短くなっているのですから、軌道半径は短くなっています。つまり、両星が近づいているということがいえます。

それで重力波なのですが、以下のように理解してください。

電気をもったものが、加速度運動をするとします。たとえば発振回路です。そこでは、電子がグルグル回っているわけです。グルグル回っているものは加速度運動です。すると、電波が放射されます。電波というのは真空中を光速で進む横波です。つまり、電波では進行方向に垂直な方向に電場と磁場が存在します。

電場というのは、そこに電子を置くと電子が加速されるという場です。それが周期的に変化するのです。電気をもたないものが加速度運動しても電波はでません。電気をもたないと、電波はでないのですから。電気をもたなければ、加速度運動をしても何も起こらないのです。

重力波というのは、ある意味で電波に似たようなものですが、ある意味では全然違います。アインシュタインの一般相対性理論にもとづくと、質量をもつものが加速度運動をすると重力波という波が放射されることが一九一八年に予言されています。重力波は、やはり真空中を光速度で進む横波です。

では、何が伝わるのかといいますと、「重力」の変化が伝わる。正確には潮汐力の変化が伝わる。重力の差が伝播するのですが、ちょっとわかりにくいかと思って、括弧つきで「重力」と表現します。この「重力」が周期的に変化します。

また、重力波は正のエネルギーをもっているので、もし重力波を放射する放射体があると、放射体自身はエネルギーを失います。それで今のことを解釈すると、どうなるのか。この連星パルサーPSR1913+16は連星系なので、明らかに速度は変わっていますから、加速度運動をしています。

そうすると、先ほどのアインシュタインの予言にしたがうと、重力波が放射されています。重力波は正のエネルギーをもっていますから、連星系はエネルギーを失う。エネルギーを失うということは、連星は近づく。このようなことになります。エネルギーを得たら、離れていきます。ものを離すには、エネルギーを与える。エネルギーを失うと、ものは近づいてくるのです。

それで、アインシュタインの一般相対性理論にもとづいて、周期がどの割合で短くなるかと計算すると、一年間に七六・一五マイクロ秒で公転周期が短くなるはずです。

先ほど観測値では七六・九四マイクロ秒短くなっているということがわかりました。そうすると、理論値と観測値との誤差は、わずかに〇・一%程度。これは、まがいもなき重力波の存在証明ということで、ハルスとテイラーは一九九三年にノーベル物理学賞をもらいました。今度は大学院生のハルスもちゃんともらいました。

3　連星中性子星の合体と重力波

ただ、ポイントは、ハルスとテイラーは重力波そのものを観測したわけではないという点です。重力波が存在したとすると、それによって連星系からエネルギーが失われます。その効果を電波で捕らえたのです。重力波そのものではみていないのです。このような連星中性子星は、非常に注目されています。連星中性子星の合体と、重力波という点からです。

しかし、重力波はまだ直接には観測されていません。そこで、重力波を直接観測するためのターゲットとしてこの連星中性子星のようなものを考えるというのが世界の大きな流れです。

(1) 連星パルサーはいずれ合体する

似たような連星パルサーは、このハルス-テイラーのパルサーを含めて三つ発見されています。ところが、電波天文の観測では、先ほどの世界最大の三〇〇メートルのアレシボの望遠鏡を使っても、実はわれわれの太陽からかなり近いものしかみることができません。たとえば、銀河系の端のほうはみえません。つまり遠くのものも暗くてみえません。そしてパルサーというのは、そもそも電波をビームでだしているわけですから、ビームがわれわれのほうに向いていないとみえません。

そのようなことをいろいろ考慮しますと、われわれの銀河中には三〇〇個程度の連星パルサーが存在すると推定されます。先ほどの連星中性子星は、今からどうなるのでしょうか。やはり、重力波を放出し続けて、どんどん近づいてきます。

近づいてくると、どんどん公転周期が短くなりますから、重力波の強度もどんどん大きくなってきます。今は図5の外側のような楕円なのですが、どんどん楕円度も減って最後に丸くなって、三億年後ぐらいに二つの星が合体すると考えられます。

われわれの銀河中に推定で三〇〇個ありますから、三億割る三〇〇で、一〇〇万年。だいたい一〇〇万年待てば一個ぐらいは、連星中性子星の合体をみることができることになります。今は直接に重力波を検出できなくても、合体するときには非常に強力な重力波の源になります。

ただ問題はあります。一〇〇万年は宇宙論的にみたら短いのですが、われわれの人生にとっては、桁違いに長いので一〇〇万年も待てません。人類は精々あと何万年もつか知りませんが、多分、人類自体が待てません。

ところが面白いことに、宇宙にはたくさんの銀河があります。一〇〇万個の銀河を観測すれば一年に一回あることになります。一〇〇万個の銀河に対して、連星中性子星の合体を重力波で観測できる

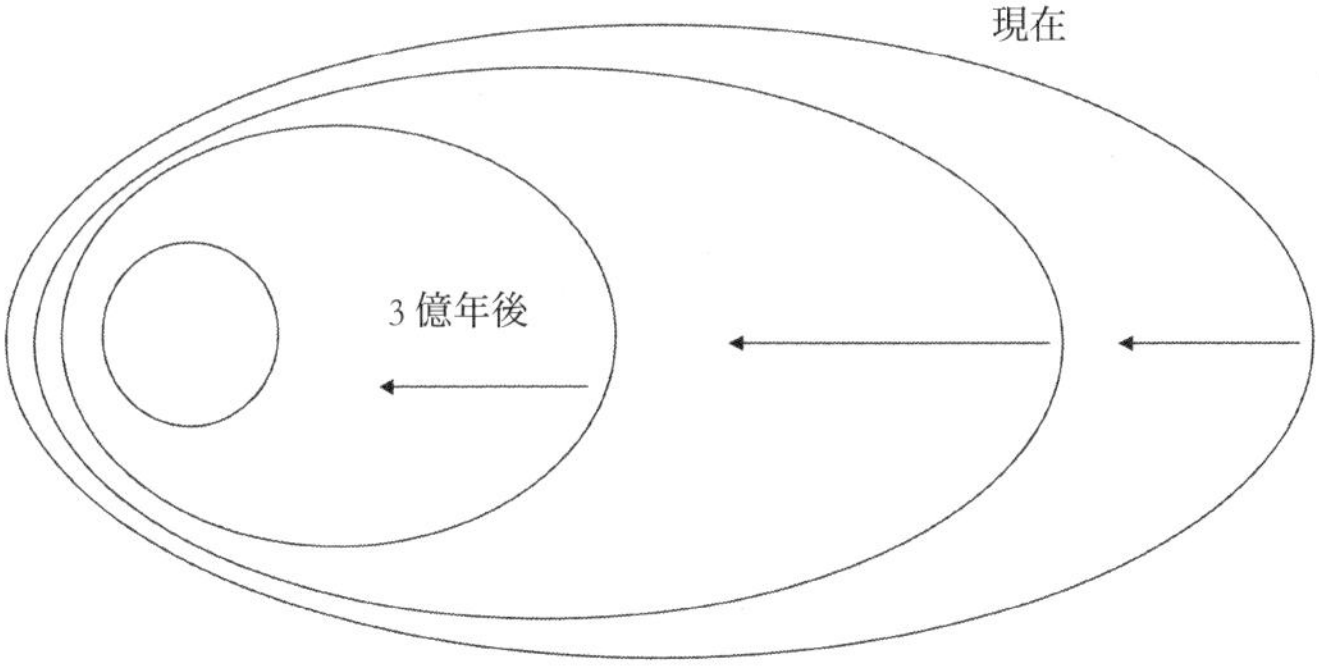

図5●連星中性子星の軌道の変化

ような装置をつくればいいということです。これはもう理論のほうからくるので、観測屋の事情をまったく考慮せず、そのような機械をつくりなさいということになります。

(2) 重力波は発生しにくく、検出も困難

まず、重力波の振幅は無次元量 h で表現するのがふつうです。期待される重力波の振幅は、おおざっぱにいって重力波源の質量を太陽質量程度とすると、距離がわれわれの銀河内(距離約三万光年)なら最大で h の値が約一〇のマイナス一八乗、銀河が一〇〇個程度存在するおとめ座銀河団(距離約六〇〇〇万光年)までなら最大で h が約一〇のマイナス二一乗、宇宙の果て(距離約一〇〇億光年)なら最大で h が約一〇のマイナス二四乗となります。

このような小さな量をはかるのは大変困難です。しかし、重力波の世界では h が約一〇のマイナス二一乗となりますが、これは実は大きい値です。試しに、地上で重力波を発生させたらどのくらいになるか考えてみましょう。

たとえば長さ一メートルの金属棒の両端に一〇〇キログラムの鉄球をつけて一〇〇ヘルツの回転数で回すと振動数二〇〇ヘルツの重力波が発生します。その強度は距離が一波長、すなわち一五〇〇キロメートルのところで h は約一〇のマイナス四三乗です。これはわれわれの銀河内からの宇宙重力波より二五桁も小さいのです。

地球上で重力波を発生させても重力波源の質量が宇宙起源のものより桁外れに小さいため、距離が近いということがあまり役に立ちません。

つまり、検出を考えると電磁波のように地球上で電磁波を発生させそれを検出することはほとんど不可能です。必然的に宇宙起源の重力波を考えなくてはならないという点が電磁波の物理と大きく違う点です。

Q&A――7　重力波はなぜ弱い？

Q　わたしは中学校二年のとき、理科の先生に万有引力の法則を習いました。そのときの強烈な印象は、いまだに日記に残っているのですけれども、一言でいうと、「そんなばかなことがあるかい」というものでした。というのは、二つの物体間で物が引き合う、その間に、何か糸とかワイヤがあって引っ張り合っているのならわかるのだけれども、何もないのに、そのように引き合うとは「そんなばかなことがあるか」というのが中学生のときのわたしの印象なのです。その後にいろいろな本を読んで、わたしなりに相対性理論の本も読んで、実は太陽という巨大な質量があるためにまわりの空間が曲がっているのだ。そこへ地球は捕らえられて回転しているのであって、引力というのは点とか線と同じように、抽象的な力といいますか、概念ではないかということで、ちょっと納得がいったのです。今日お尋ねしたいのは、このような巨大な地球を、間に巨大なワイヤ・ロープも何もないのに、宇宙空間に飛ばしてしまわずに、太陽のまわりに引き付けておくような巨大な力が重力であると思うのに、ＬＩＧＯ（一一六ページ）のような大規模な装置を使ってもなかなか重力波を検出できません。重力波が、なぜ弱いかということと、この地球というような巨大なものが太陽を回っているというアンバランスが、わたしはよくわからない。重力波というものは、そのように弱いはずはないと思うのです。

中村　重力に比べると、電気の力のほうが非常に強い。たとえば、陽子二つの間に働く重力と電気力の差は一〇の三六乗もけたが違うのです。つまり、局所的には電気力のほうが強いのです。けれども、なぜ大きな物質になると重力が強いかといいますと、電気には正の電気と負の電気があって、物質全体になると、その力が打ち消しあってしまうのです。重力は引力しかないから残ってしまいます。太陽と地球を結び付けているのには、重力しか効きません。自然界には四つの力があるのですが、そのような長距離になると、重力しか効かないのです。

柴田　重力が弱いのではなくて、今おっしゃったように、われわれの経験は電気力にもとづいて考えているから、重力は、それに隠されて気が付かないのでしょう。

中村　電気力の結果生まれる電波というのは、とっくに観測されています。それくらい電波のほうが強いわけです。重力波は弱いから、まだ観測されていません。けれども、マクロな距離で効くときには、重力は足し算がきくので、太陽や地球のような大きいものでは総体として強く働くのです。

(3)「最後の三分間」

連星中性子星の今から三億年後ぐらいの姿、連星の合体三分前ぐらいを考えます。すると、振動数二〇ヘルツの重力波がでますが、振幅は一〇のマイナス二一乗で強力な重力波です。一〇のマイナス二一乗でも、重力波の世界では強力なのです。振幅が地上でやるよりも二二桁高いのだから、すごいものなのです。

両星の距離は約五〇〇キロメートル。その後二万五一〇〇回転ほどして合体し、ブラックホールになります。最終的な重力波の振動数は約三キロヘルツですが、三分間に重力波の振動数と振幅は大きくなります。

振動数はちょうどわれわれが日常耳にする音の領域で重力波を音に変換すると、ピューという感じになります。それを英語にしてチャープシグナルとよんでいます(図6)。

また、宇宙の最初の三分間を真似て「最後の三分間」ともよばれます。「最後の三分間」では、「重力」が一秒間に二〇回から一〇〇〇回変化するので、原理的には測定が可能です。それでは、具体的にはどのようにして重力波を検出するのでしょうか? 観測の現状はどうなっているのかを次にみていきましょう。

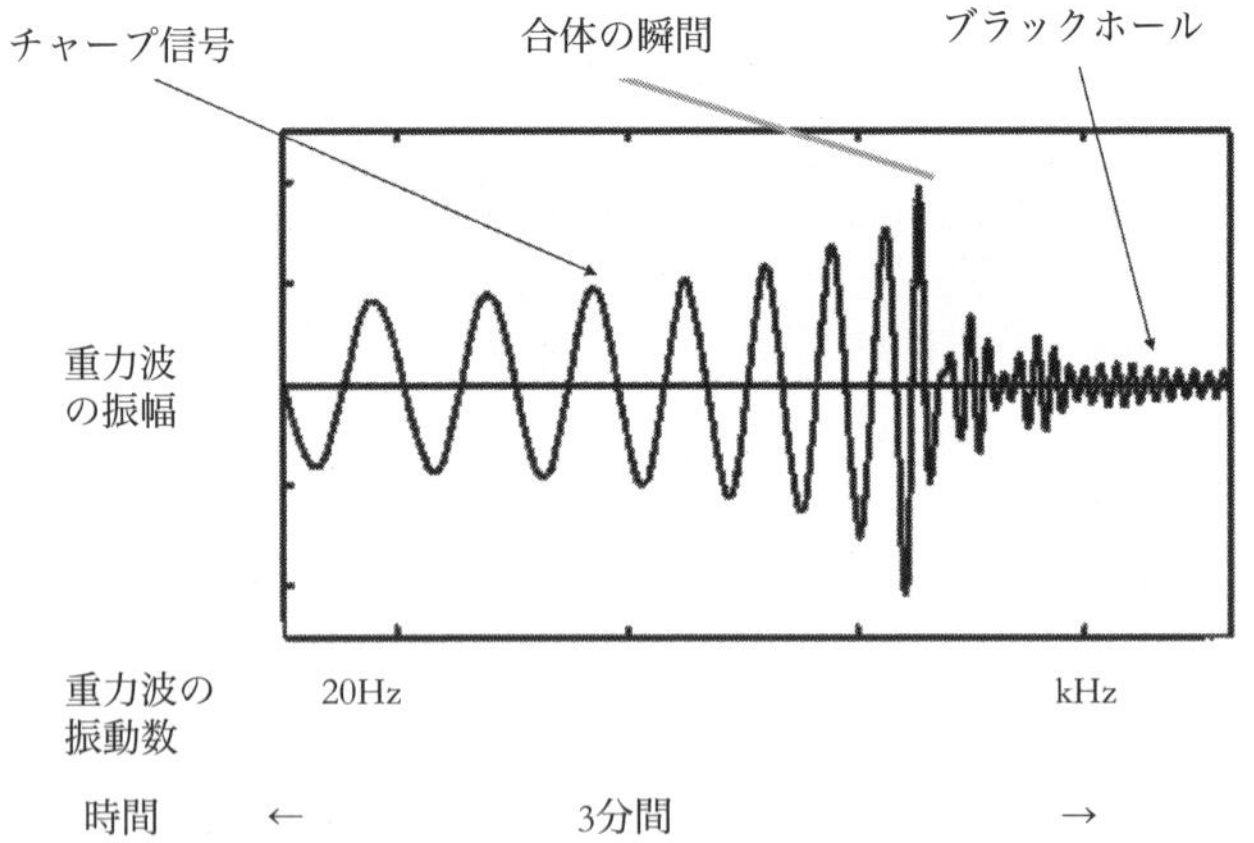

図6 ●チャープシグナルと最後の3分間

4 重力波の検出

現在の主流のレーザー干渉計型を例にして重力波の測定原理を説明しましょう。図7のようなL字型のマイケルソン-モーレー干渉計が基本のかたちです。

光源からのレーザー光は、ビームスプリッターで二つに分けられます。分けられたレーザー光は端の鏡で反射して、またビームスプリッターにもどってきます。

ここで、$L_1=L_2$つまり両腕[1]の長さを等しくすると、ビームスプリッターを同時にでたレーザー光はビームスプリッターに同時にもどってきます。

1　このL_1、L_2の腕を「基線」といい、基線が長いほど観測は有利になります。

このようにしておいたときに重力波がやって来ると、レーザー光は同時にはもどってこないことを示せます。時間のずれはhに比例するが、位相の違う二つのレーザー光は干渉するので、この干渉パターンをみればどんな波形と振幅hの重力波がやって来たかがわかるという仕掛けです。

世界の重力波検出器は、重力波の観測一番乗りを目指して、現在、大競争をいたしております。日本のＴＡＭＡ３００、アメリカのＬＩＧＯ、フランスとイタリアのＶＩＲＧＯ。これらはレーザー干渉計による観測装置です。それ以外に、共振型とよばれる検出器もあります。

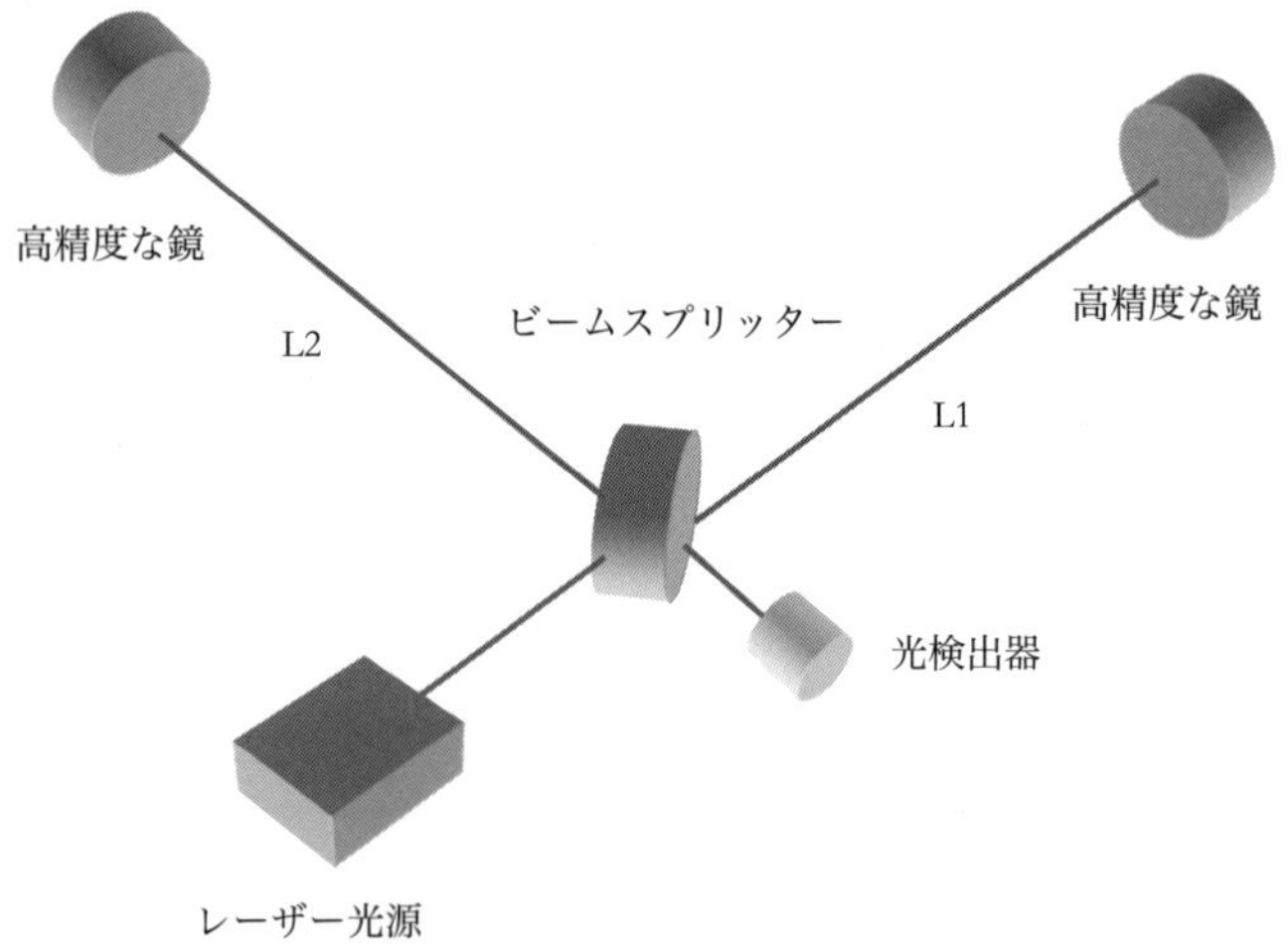

図7 ●レーザー干渉計型重力波検出器

(1) レーザー干渉計による重力波の観測

世界的にみて、レーザー干渉計による重力波の観測装置はいくつか稼動・計画されています。アメリカではＬＩＧＯ計画としてワシントン州（ハンフォード）に四キロメートル、ルイジアナ州（リビングストン）にも四キロメートルの基線をもつ大型レーザー干渉計が稼働中です。

フランスとイタリア共同のＶＩＲＧＯ計画ではイタリアのピサ近郊に基線長三キロメートルの干渉計を建設中です。

ドイツとイギリスはＧＥＯ計画として六〇〇メートルの基線長のものをつくっています。

(2) 日本　TAMA300

日本の重力波検出器を、なぜ「ＴＡＭＡ」というのかといいますと、多摩地区にある大学がいろいろ協力したのでＴＡＭＡというのですが、たまたま、ＴＡＭＡにしたとかいうような説もあります。

ＴＡＭＡ３００の「３００」というのは、三〇〇メートルの基線長をもっているレーザー干渉計という意味です（図８、９）。

この装置に使われている鏡は非常に精度が高く、絶対に手などで触ってはいけません。図９-１のミラーサスペンションはミラーをつるす装置。図９-２は真空パイプ。三〇〇メートルですから、歩いて鏡を見にいって帰るだけで結構な距離です。

ＴＡＭＡ３００のほか、日本でも基線長三キロメートルで鏡を冷やすＬＣＧＴ計画があります。ＬＣＧＴはLarge Scale Cryogemic Gravitational Telescopeの略称で、神岡鉱山内にトンネルを掘ってつくることを考えており、現在概算要求中です。

(3) アメリカ　LIGO

ＬＩＧＯ（図10）というのは、Laser Interferometer Gravitational wave Observatoryという意味です。予算規模が四〇〇億円。ＴＡＭＡの一二億円に比べると、アメリカの予算規模がすごく大きいことがおわかりでしょう。

これは基線長が一辺四キロメートルあって、すでに動き出しました。これはアメリカが二つもっていて、もう一つはリビングストンというところにある（図11）のですが、わたしも開所式のときに行きました。

バトンルージュという名前をどこかで聞かれたことがあると思うのですが、日本の高校生が不運にも殺されたところです。その近くのミシシッピー川の下流にあります。

一辺四キロメートルの基線を往復してきました。非常にいい運動です。けれども、ちょっと気持ちが悪い。ミシシッピーの下流ですから、実はアリゲーター類のワニがいます。ワニのファンがそこら

図8 ● TAMA300

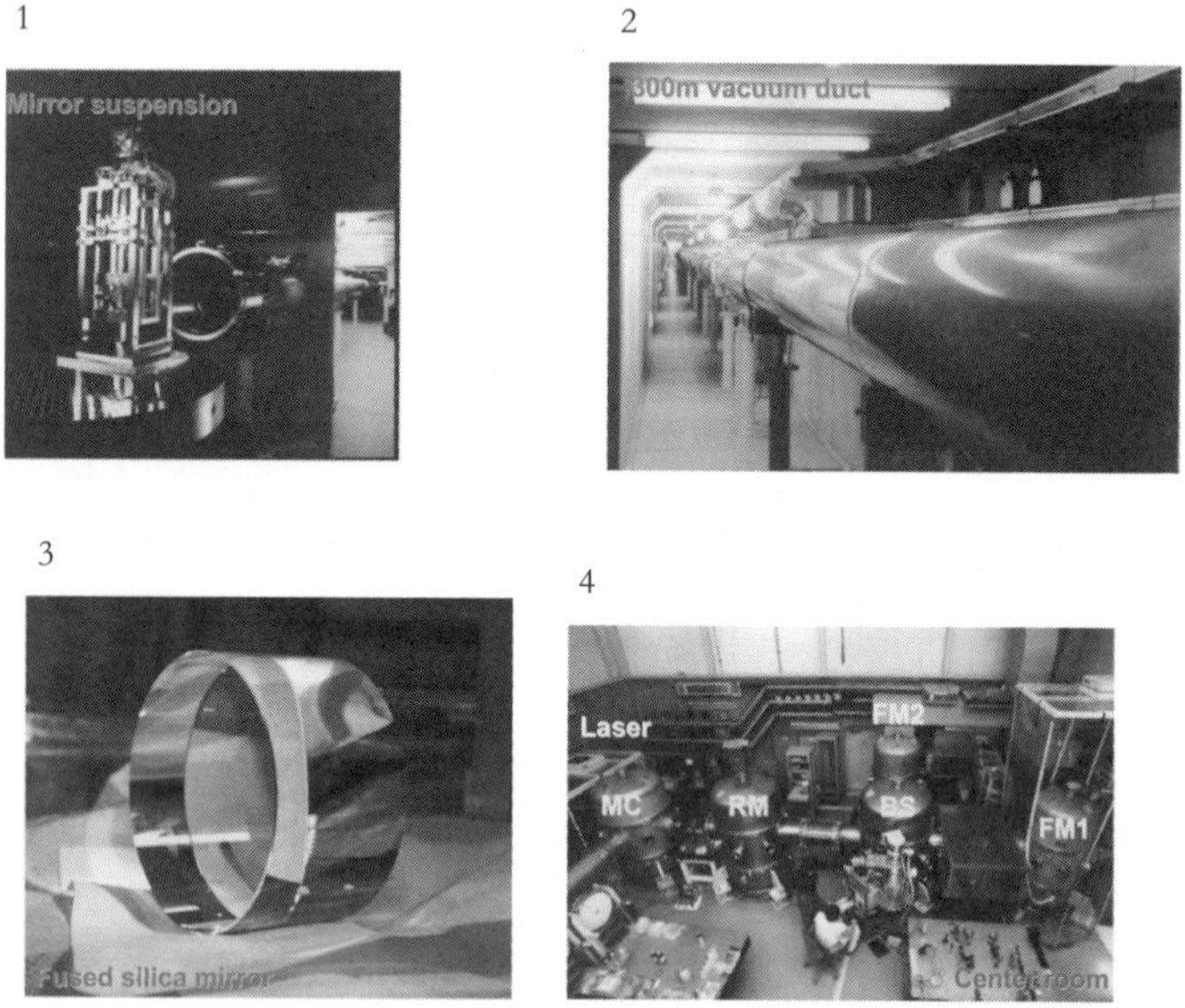

図9 ● TAMA300の内部
1. ミラーサスペンション　2. 300m真空ダクト　3. 合金シリコン鏡　4. 中央室

図10● LIGO ワシントン州（ハンフォード）

じゅうに転がっています。向こうの人に「ワニで怖いんじゃないの」と言ったら、「いや、ワニはまだいい。ワニを不法に撃つライフルのほうが怖い」と言っていました。

(4) ヨーロッパ各国

ドイツ、イギリス連合にはGEO600があります。基線長が六〇〇メートル。図12はその近くの写真です。

それからフランス、イタリア連合にはVIRGOがあります(図13)。VIRGOというのはおとめ座のことです。おとめ座銀河団(第1章一六ページ)までのものをねらおうということから、そう名前がついたようです。なかなか、粋な名前です。

(5) LISA

それから、将来的には二〇一〇年頃でLISA(Laser Interferometer Space Antenna)という計画があります(図14)。宇宙空間に、一辺の基線長が五〇〇万キロメートルぐらいの干渉計をつくろうということが計画されています。これは、ミリヘルツぐらいの、先ほどとは違う波長帯を選ぶことになると思います。われわれ日本でもデシヘルツ(〇・一ヘルツ)ぐらいをねらおうとしています(後述のDECIGO)。重力波はいろいろな振動数があるので、まったく独立の計画です。

図11 ● LIGO ルイジアナ州（リビングストン）

図12 ● GEO600

図13 ● VIRGO

この図14では右下よりの白丸が太陽です。ちょうど地球の公転軌道上に、このような三角形の干渉計を宇宙空間につくって、太陽を中心に公転させます。

この計画のいい点は、地上ではレーザー光を通すチューブは非常に高度な真空にしなければいけないのですが、宇宙空間に上げると真空チューブはいらないということです。そのかわり、宇宙が相手ですから、もちろん時間もかかるし大変なのですけれども。計画は二〇一四年ぐらいにやることがもう決定されています。

5 重力波検出で解明が期待されること

それで、われわれ理論家は何をやっているのかというと、いろいろな予想を立てています。電波パルサーが見つかる三〇年以上前に、理論家はいろいろな予言をしていました。だから、重力波も今からどれぐらいあとに発見されるかわらないけれども、二〇一〇年、二〇二〇年、二〇三〇年ではじめていろいろなことがわかるかもしれません。

われわれは、まだ観測されていないけれども、コンピュータで何が起こるかみてやろうと、スーパーコンピュータを使って、連星中性子星の合体のシミュレーションをつくっています。

図14 ● LISA

これは新潟大学の大原謙一さんが行なった計算です。最初に二つの中性子星を図15のような具合に置いておいて、初期条件を与えて、一般相対性理論の大変な方程式を数値計算するのです。スーパーコンピュータで計算すると、図16がでてきます。赤道面で輪切りにしたもの。そのあと、グルグル回っているのですが、重力波を強烈に放射しますから、エネルギーを失って合体します。ガチャガチャと振動するのですが、最終的にブラックホールになるだろうと考えられます。上にでている数字はミリ秒単位の経過時間。これをわれわれは、最後の三ミリ秒とよんでいます。先ほどのチャープシグナル（図6）というのは、最後の三分間です。

今度は、今の合体が起きたときに重力波はどのように伝搬しているのかが図17です。

これは「重力」波のエネルギー（これも括弧付きですが）を表示したものです。最初は、重力波というのはまだ波動帯ではなくて、真ん中に何かグジュグジュとあるのです。その後、渦巻き状に波がでていって遠方のほうに伝わっていくというのがみえます。

われわれは、実際に重力波が観測にかかれば、このシミュレーションの予言をもとにして、観測と合うかどうかというのを比較しようという具合に考えております。

図18は、今のシミュレーションで出てきた波形です。今のような例で、連星中性子星から重力波を検出して何がわかるのでしょうか。一つは両方の星の質量と角運動量です。それから、中性子星の半径というのは今までよくわかっていなかったのですが、それがわかるかもしれません。

差分法，格子数　475 × 475 × 238
・初期条件
　ー2つの中性子星　質量＝ 1.5 太陽質量
　　半径＝ 11.6km

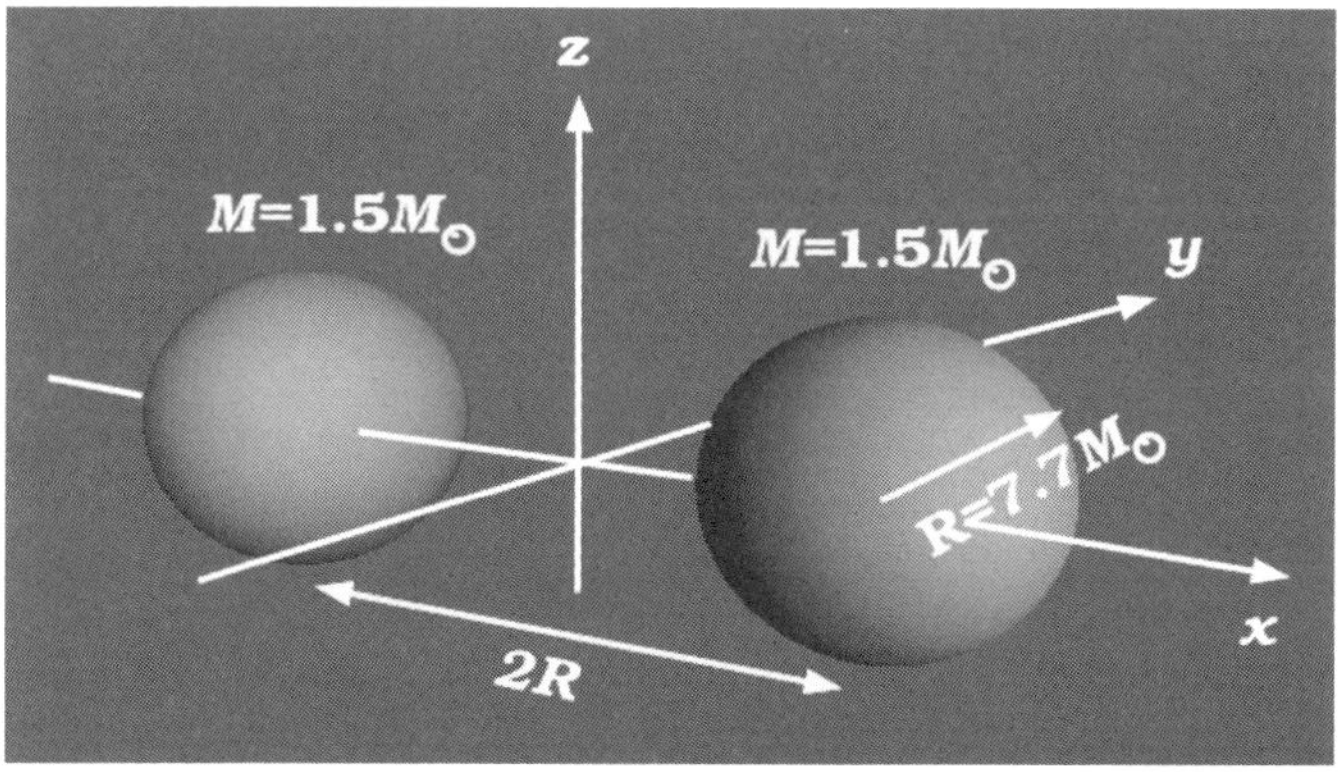

図15●数値結果（大原謙一・川村真理　新潟大学／中村卓史　京都大学）

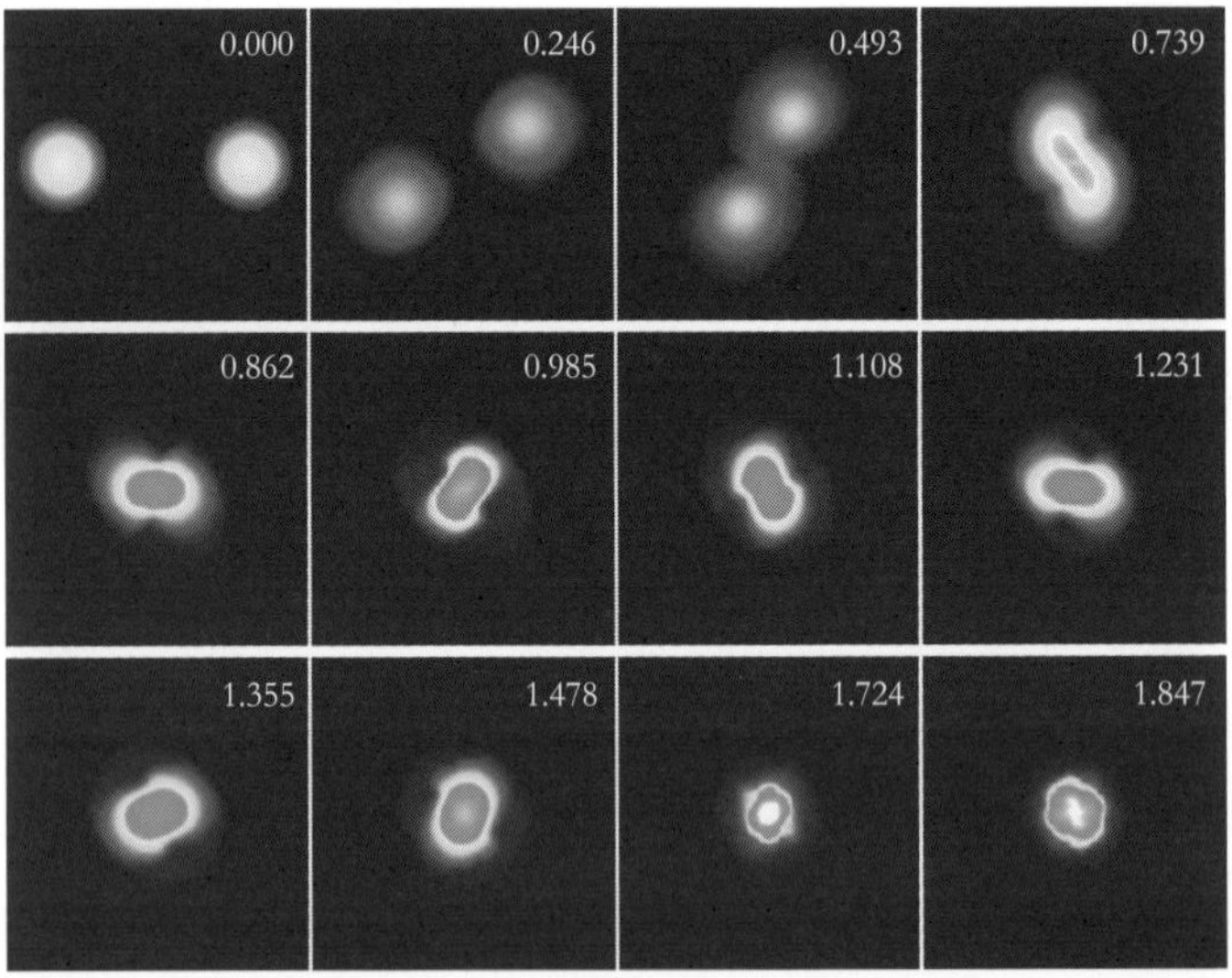

図16●連星中性子星の合体のシミュレーション（密度）
写真上部の数字はミリ秒単位の経過時間を示しています.

半径と質量がわかると、超高密度物質の圧力と密度の関係がわかります。それから、連星中性子星までの距離や第2章にあったダークエネルギー（七五ページ）についてもわかるかもしれません。ダークエネルギーの性質も、非常に距離の遠い連星中性子星を使うと、観ることができると期待されています。それから、もちろん強い重力場でアインシュタイン理論が正しいかどうかがわかります。

＊

電磁波を使った天文学では、光学天文学がガリレオ・ガリレイによって始められました。それから、電波、X線、赤外線、ガンマ線……というように次々と新しい目が開いていきました。今では、ほぼすべての波長帯で日夜観測が行なわれています。

重力波を使った天文学では、いまだにガリレオ・ガリレイが登場していません。しかし、光学天文学に対応するものは、振動数が一二桁下になる一〇ヘルツ～キロヘルツのＴＡＭＡ３００、ＧＥＯ、ＶＩＲＧＯ、ＬＩＧＯ、ＬＣＧＴであり、もうすぐガリレオ・ガリレイが登場するはずです。一方、振動数が～ミリヘルツのＬＩＳＡも二〇一四年ごろに動きだすはずです。これはＴＡＭＡ３００などより、振動数が五桁下ですが、電磁波でも光学のちょうど五桁下に電波天文があるので、ＬＩＳＡはいわば重力波での電波天文学です。

光学天文学と電波天文学は、自然の観測という意味で敵同志ではなく、むしろ相補的な味方同志です。また、同様にＴＡＭＡ３００などとＬＩＳＡは相補的です。しからば、ＴＡＭＡ３００などとＬ

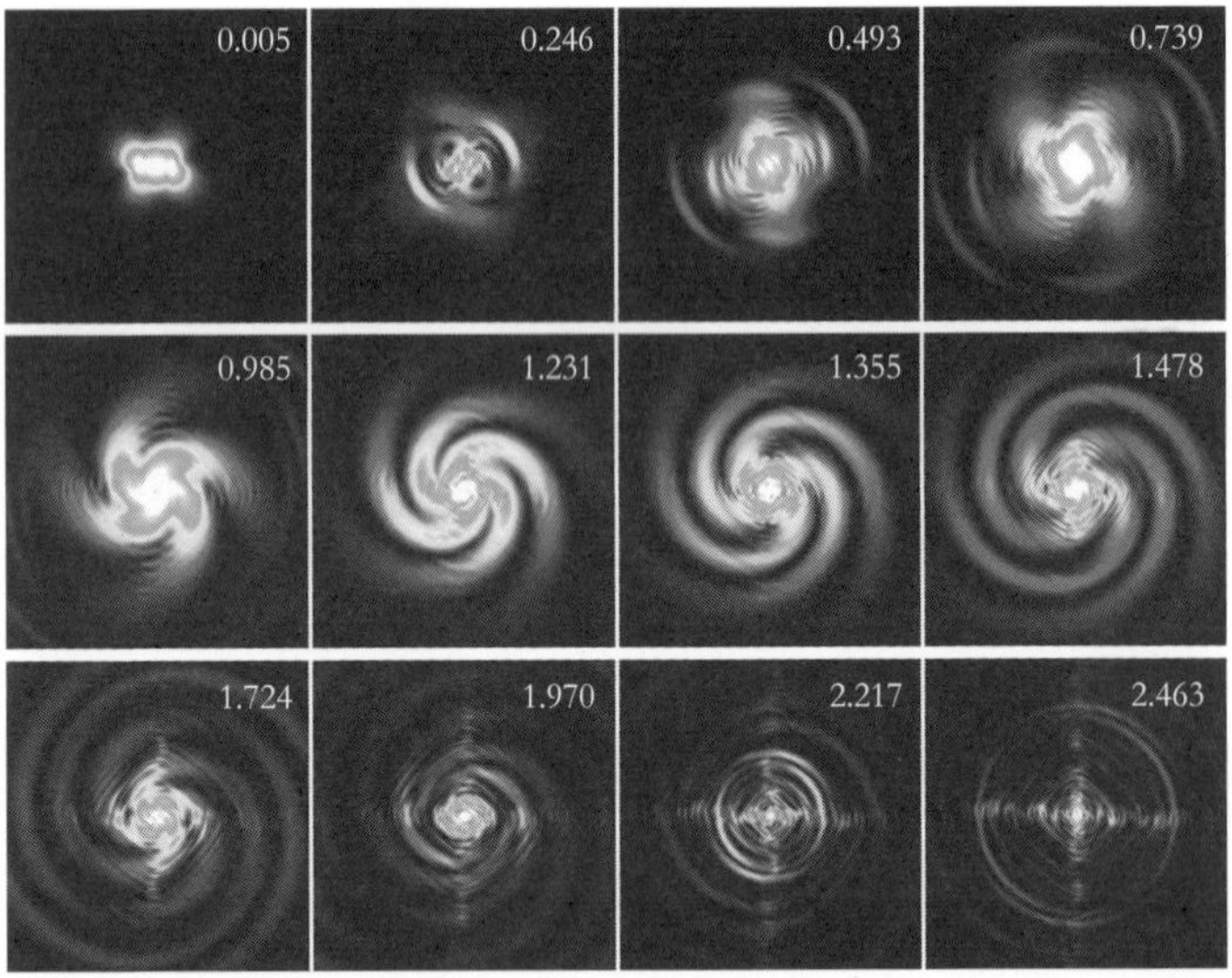

図17 ●連星中性子星の合体のシミュレーション（重力波の伝播）
写真上部の数字はミリ秒単位の経過時間を示しています.（口絵 4）

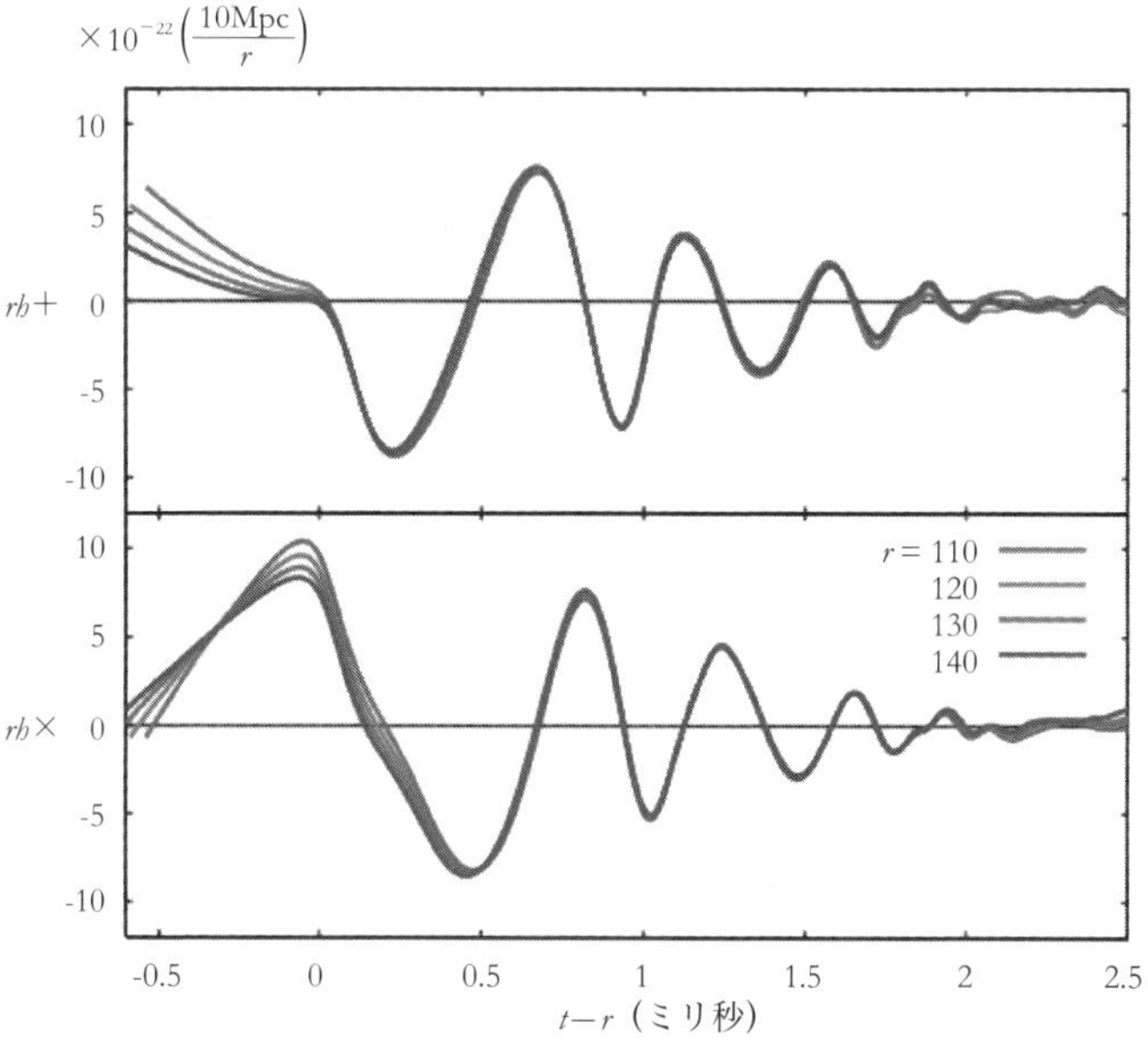
$\times 10^{-22}\left(\frac{10\mathrm{Mpc}}{r}\right)$
10
5
$rh+$ 0
-5
-10
10
5
$rh\times$ 0
-5
-10
$r=110$
120
130
140
-0.5
0
0.5
1
1.5
2
2.5
$t-r$ (ミリ秒)

図18●重力波の波形

ＩＳＡの間には赤外線天文学ないしはサブミリ電波に対応するものがあってもいいわけです。それこそがわれわれが提案しているＤＥＣＩＧＯ（DECi herz Interferometer Gravitational wave Observatory）なのです。

さて、右の対応関係、すなわち電磁波の振動数を一二桁下げると対応する重力波天文学があるという類推を進めます。ガンマ線、Ｘ線天文学に対応する振動数一〇キロヘルツ〜メガヘルツの高エネルギー重力波天文学がありますが、検出方法も重力波源も、研究は未開拓です。

重力波は光速で真空中を伝播します。したがって、広大な宇宙の極限現象を認識する強力な手段です。二〇世紀に同じく光速で真空中を伝播する電磁波による天文学が花開いたように、二一世紀には全波長での重力波天文学が花咲くに違いないと確信しています。そして、重力波に関して第三のノーベル物理学賞が若い皆さんを待っているのです。

Q&A—8　一〇〇億光年の彼方でも物理の法則は同じ?

Q　よく一〇億光年とか一〇〇億光年とか長大な距離がいわれていますが、現在われわれが進行している時間もかなたの時間も同時に進行しているわけですね。したがって、われわれが観測している現象よりも一〇億光年後の姿というのはわかるのでしょうか?

小山　今から一〇億年後の姿を推定しろというわけですか。それはわたしにはできません。

Q　一〇〇億光年遠方の天体も近くにある天体の法則と同じですか?

小山　そこにある天体も多分われわれと同じような進化をしていると思います。宇宙のどこでも同じ進化。それがまさに物理学の普遍性です。もちろん環境が違うから、初期条件や境界条件は違います。条件は同じではないということが多様性を生むでしょう。

Q&A—9　ニュートン力学と宇宙規模の運動

Q　ふつう、われわれの太陽系などはニュートンの運動力学で運行しているように見えますが、宇宙全体としてはニュートン力学が通用するのでしょうか?　つまり、われわれが常識で考えると、爆発すると爆発の初速がありますね。そのうえに宇宙空間そのものが膨脹しているとすると、その合成速度で運動していると思うのですけれども、そのようなものは今でもそのような効果が出ているのでしょうか？

柴田　宇宙全体を考えると、やはり相対性理論で考えないといけませんね。

舞原　そうですね。通常の銀河の大きさとか星の大きさ、そのぐらいの中での運動を記述するには、完璧にニュートン力学が成り立っていると思うのですけれども。宇宙全体についての運動を考えるときには、空間がそのように増えていきますので、そのことを考慮しないといけない。ということは、まったくアインシュタインの一般相対論のもとでの式を解いていくということで、その結果はやはり合成した状態だと思うのですけれども。

中村　一般相対論でやらないといけないのですけれども、結局は粒子の運動のようなことになって、粒子の運動で連星のエネルギーが負だと、いったん出てもまた落ちてきますね。それは要するに閉じた宇宙です。粒子のエネルギーが正だと永久に膨張していきます。そのような意味で、今言われた加速度と関係があるとは言えるのですが、求める基本方程式はやはり一般相対論でやらなければいけないので、それが、あたかもニュートンの粒子の運動に似ているということは言えるのですが、やはりそれにかわることはできない。

柴田　合成というのは、ちょっと違う？

中村　違う。

Q&A──10　宇宙の大きさ

Q　宇宙の大きさですが、これとフリードマン宇宙の平担な宇宙の場合について質問です。この場合は、わたしが計算したときは、ブラックホールの半径と宇宙の半径がほぼ同じというようになったのです。ところが、開いた宇宙の場合には密度が少ないですから、ブラックホールの半径はずっと小さいことになります。そうなった場合にどう解釈したらいいのでしょうか？

舞原　おっしゃるとおり、閉じた宇宙のトータルの質量のそれをもとにして、シュワルトシルト半径を計算しますと、宇宙の大きさにちょうど該当すると思います。けれども、開いた宇宙ということは密度が薄いですから、シュワルトシルト半径という意味でいいますと、もっと中に入りますね。

Q　そのような場合で、開いた宇宙の場合でも昔はずっと半径が小さかったと思うのです。

中村　いや、開いている宇宙のサイズというのは今見えている宇宙のサイズでしょう。

Q　いや、しかしフリードマン宇宙の場合は、フラットといった場合も宇宙の大きさは計算できていますね？

中村　いや、宇宙はそのような意味では、空間的には無限大です。フラットですから空間の次元では無限大なのです、ある時間を切れば。われわれが見える宇宙の大きさは有限なわけです。というのは、宇宙ができてから一三七億年しかたっていないからです。現在、観測的にはほぼフラットだろうといわれています。

Q　そうしたら、無限大だということは宇宙の年齢が有限で、宇宙の大きさが無限大ということは、光速よりも早く大きくならないと、そうならないですね?

中村　いや、光速は一定なので、われわれが見える世界が、それだけしかないということです。

Q　見える宇宙と、アインシュタインが考えた宇宙とは違うのではありませんか?

中村　いや、同じ宇宙です。宇宙は無限大なのですが、われわれに見えているのは過去の光のライトコーンの中だけで、この外は見えないのです。それは、光の速度は有限だから。

Q　それは見えている世界の話で、要は見えない世界のフリードマン宇宙を考えた場合、平たんという場合に無限大とおっしゃいましたね。

中村　空間的には無限大です。

柴田　最初から無限大なのですか?

中村　無限大。

Q　無限大か……。

中村　われわれは光でしか物事を認識できないので、われわれが知っている世界は有限です。

Q　そうですね。

中村　われわれが観測できる世界は有限。でも、理論的には無限大です。

Q　そうですね。だから、理論的には……。

中村　今からも時間がたっていけば、どんどん広いところが見えてきます。

Q　わかりますが、すごく変ですね。

中村　いや、常識は忘れてください。

Q&A──11　宇宙の多重発生

Q　答えにくい質問かもしれませんけれども、いわゆる銀河で、今あった宇宙という一つの宇宙がありますね。そのような宇宙がいくつもあるということは、あり得るのでしょうか？

中村　「宇宙の多重発生」とかいうので、東大の佐藤勝彦先生とかが唱えられています。しかし、検証されてはいません。もし、隣の宇宙を認識したら、隣の宇宙でなくなるわけです。われわれの宇宙です。理論はあります、たくさん。

あとがき

まえがきに述べたように、本書は京大二一世紀ＣＯＥ「物理学の多様性と普遍性の探求拠点」主催の市民講座「宇宙の神秘に迫る——宇宙科学最前線——」（二〇〇三年一二月六日：於：京都市青少年科学センター）における講演記録に基づいている（なお、講演会の記録に関しては、以下のＵＲＬを参照されたい。http://physics.coe21.kyoto-u.ac.jp/public.html）。

講演ビデオテープに残された音声記録を文章化する上で手伝っていただいた多くの方々に感謝したい。とりわけ、矢治健太郎氏には、内容をチェックしつつ文章を読める形にする上で、多大な貢献をしていただいた。記して感謝したい。また、本書を出版するにあたっては、上記ＣＯＥ事務局および同広報委員会の様々な協力と援助があったことも特筆しておきたい。最後に本書の出版に際し、多大なお世話になった京都大学学術出版会の鈴木哲也氏、髙垣重和氏、牧智子氏に、深く感謝したい。三氏の援助がなければ、本書は決して世に出なかったであろう。

二〇〇五年七月一五日

編著者　小山勝二、舞原俊憲、中村卓史、柴田一成

読書案内

小山勝二
『X線で探る宇宙』、培風館、一九九二年
長谷川博一・奥田治之・舞原俊憲・佐藤修二 著
『暗黒星雲を探る――赤外線天文学の世界』、講談社（ブルーバックス）、一九八〇年
岡村定矩 編
『天文学への招待』（第5章　赤外線でみる星形成過程）、朝倉書店、二〇〇一年
中村卓史
『最後の3分間――重力波がとらえる星の運命』、岩波書店、一九九七年
中村卓史・三尾典克・大橋正健 編著
『重力波をとらえる』、京都大学学術出版会、一九九八年
古在由秀 編著
『宇宙を探る新しい目――重力波』、クバプロ、二〇〇二年
柴田一成、福江純、松元亮治、嶺重慎 編著
『活動する宇宙』、裳華房、一九九九年

索　引

小山　勝二（こやま　かつじ）

京都大学大学院理学研究科 物理学第 2 教室 教授，京都大学理学博士
1945 年生まれ，京都大学大学院理学研究科物理第二専門課程博士課程修了
東京大学宇宙航空研究所 助手，宇宙科学研究所 助手，助教授，
名古屋大学理学部 助教授，などを経て，現職.

【主な著書】
『X 線で探る宇宙』（培風館，1992 年）

舞原　俊憲（まいはら　としのり）

京都大学大学院理学研究科　宇宙物理学教室 教授，京都大学理学博士
1942 年生まれ，京都大学大学院理学研究科物理第二専門課程博士課程修了
京都大学理学部物理学教室助手，助教授，など経て，現職，

【主な著書】
『暗黒星雲を探る～赤外線天文学の世界』（共著，講談社，1976 年）
『天文学への招待』（共著，朝倉書店，2001 年）

中村　卓史（なかむら　たかし）

京都大学大学院理学研究科 物理学第 2 教室 教授，京都大学理学博士
1950 年生まれ，京都大学大学院理学研究科博士課程（天体核物理学専攻）修了，
京都大学理学部助手，高エネルギー物理学研究所助教授
京都大学基礎物理学研究所 教授，などを経て，現職

【主な著書】
『最後の 3 分間 重力波がとらえる星の運命』（岩波書店 1997 年）
『重力波をとらえる』（編著，京都大学学術出版会，1998 年）

柴田　一成（しばた　かずなり）

京都大学大学院理学研究科　附属天文台長，教授，京都大学理学博士
1954 年生まれ，京都大学大学院理学研究科博士課程（宇宙物理学専攻）中退，
愛知教育大助手，助教授，国立天文台助教授，などを経て，現職.

【主な著書】
『活動する宇宙』（共編，裳華房，1999 年）
『写真集　太陽』（共著，裳華房，2004 年）

宇宙と物質の神秘に迫る①
見えないもので宇宙を観る　学術選書 007

2006年2月15日　初版第一刷発行

編　著　者…………小山　勝二, 舞原　俊憲
中村　卓史, 柴田　一成
発　行　人…………本山　美彦
発　行　所…………京都大学学術出版会
京都市左京区吉田河原町 15-9
京大会館内（〒606-8305）
電話（075）761-6182
FAX（075）761-6190
振替 01000-8-64677
HomePage http://www.kyoto-up.gr.jp
印刷・製本…………㈱クイックス東京
装　　幀…………鷺草デザイン事務所

ISBN　4-87698-807-2

定価はカバーに表示してあります
Printed in Japan